考える力がつく

〈小学3～4年〉

高濱正伸・川幡智佳（花まる学習会）

草思社

はじめに

この本は、『考える力がつくなぞペー』シリーズの中で、初めて理科を題材にした本です。子どもたちが大好きな動物や植物などの生物をはじめ、物理・化学・地学など、幅広い分野から問題を作成しました。とは言っても、「氷が水蒸気になることを昇華(しょうか)と言う」というような知識を伝えることだけが目的のドリルではありません。

大きな目的は、子どもたちが本来持っているみずみずしい感性と、「なぜだろう」と疑問を持ち考える力を伸ばすことです。例えば、A7の「葉っぱを落とす木のなぞ」の問題です。このテーマは「秋になると葉っぱが落ちる木があるでしょう。あれを落葉樹というんだよ」とだけ教えられておしまいにされることがあります。さらにテストで（　　）が空欄にしてあって、そこに「落葉樹」と入れる穴埋め問題をやらされる。意味が無いことは無いですが、残念な指導です。なぜなら、子どもの心と脳が躍動していないので、面白くないし頭もよくなりません。「テストに出るか出ないか」を気にする、薄っぺらな人格ができるだけです。

そうではなくて、このA7の問題のように「では、なぜ落葉するのだろう？」と立ち止まり考える人に育ってほしいのです。それは、親子で考え調べても、すぐに答えを出せないかもしれない。しかしそれで良いのです。大切なのは「ん？　なんで？」と、涌いてきた疑問をきちんと疑問として自分の心の中でとらえきる習慣を持つこと。その疑問は、見えないけれどとてもとても大事な宝物なのです。

調べたりノートやメモを取って残したりしておくことも、研究や学習の力につながる楽しい行為です。そして、疑問を温め調べたはてに、解答にあるような真実を知ったときには、醍醐味とも言える喜びを感じられるでしょう。この一連の躍動する脳の状態を、大切にしてほしいのです。「答え・知識」ではなく、「『ん？』と疑問に感じ、考え抜く喜び」と「知る喜び」を伝えたいのです。

日常生活を送っていると、このような「なぜ」は、無尽蔵に探し出すことができます。特に熱中して遊べる子や、何かをやり出したら声も聞こえないくらい没頭できる子には、この本がもっとも役に立つでしょう。なぜなら、そういうのめり込む遊び方ができる子は、五感で豊かにカラフルに様々なことを感じているからです。

例えばA6の「かげおに」の問題。たくさん外遊びをし、その中で負けたくなくてつかまりたくなくて必死に逃げ惑い、あるいは目を輝かせて追いかけた子は、「影は長いときと短いときがあるなあ、これって太陽の位置との関係だよなー」と言葉以前の原体験として体感しているはずです。実感がある「見えない宝」に言葉が与えられたとき、知識は深く生きたものとして定着します。習うから覚えるのではなく、先行する体験の総量が大きいから、重みのある知識を得られるのです。

理科という分野は、もともとそういう原体験と学習項目が、直接的につながり、実験などもたくさんできるし、面白い分野なのです。思考力を伸ばすきっかけに満ちた科目であるとも言えるでしょう。

問題文を見て興味を掻き立てられ、考え解くことが楽しく、自分なりの解答にたどり着くことがすごく面白く、解答を見て「なるほど」とうなずける。そうなってもらえるように、問題は厳選し、たくさんの工夫も凝らしてあります。楽しく取り組んでもらえたら幸いです。さらに、面白いなあと思ったら、ぜひお友だちに教えてあげてください。「秋の落ち葉はなんで落ちるか知ってる？」というようにクイズのように問いかけると良いでしょう。分からないお友だちには、ぜひ教えてあげてください。教えることをたくさんした人は、間違いなく伸びます。

この本を通して、考えることが大好きで得意で、理科をこよなく愛せる人が育つことを祈っています。

花まる学習会代表　高濱正伸

考える力がつく　理科なぞぺ～

もくじ

理科なぞぺー B 問題

この本の使い方

1　本書の目的

本書の問題は「知っているかどうか」を試すものではなく、「これまでの生活や知識をもとにして考える」という体験をしてもらうためのものです。問題を解くことで直接、理科の知識をつけることよりも、「疑問に思う力」と「予想する力」を育むことが大切です。本書の問題に取り組むことで、それまで疑問に思わなかったことに「そういえば、なんでだろう？」と疑問を持つきっかけができます。そして楽しく答えを出す過程で、自然と予想することができるのです。そのため、学年別教科書準拠の内容ではなく、興味を持ちやすいテーマを選んで問題にしています。

さまざまな疑問に触れられるように、問題の順番はあえて分野をばらけさせて掲載しています。各問題のページをめくると、裏に解答と解説が載っています。レベルはＡとＢの２つがあり、Ｂ問題の中には、Ａ問題の知識や考え方が必要なものもあります。Ａ問題のどれがヒントになっているのか振り返ってみるのも良いでしょう。

大人が面白がって考える姿を見せることは、お子様の力をより引き出し、伸ばしていきます。知らないからこそ、自分自身で考えてみたい。知ることが面白い。そんな感覚を養うよう導きながら、ぜひ、ご家族で一緒に楽しんでください。

2　解答と解説について

問題や解答には「そんなの当たり前でしょ」「なんで知らないの」と思うものもあるかもしれません。しかし、その「当たり前」を子どもたちは今、学んでいる最中です。答えが違っていたからといって否定したりせず、逆にはげましてください。なぜそう考えたのかという思考のプロセスを一緒にたどるのも、とても大切な理科の学びになります。

本書で紹介する内容の中には、掲載されている解答・解説とは別の答え方ができるものがあります。また、わかりやすくするために解説を簡潔にしていることもあります。解説を読むことで別の疑問を持ったり、よりくわしく知りたいと思ったりすることもあるでしょう。そんなときは、「なんでなんだろうね？」「どうすればわかるかな」と一緒に調べてみることをおすすめします。インターネットも良いですが、子ども向けにくわしく書かれた書籍もいろいろあります。調べ方について学ぶチャンスです。

本書の内容にはじめて触れることで、「そうなんだ！」という〈はじめて知ることによる発見〉ができます。一方、本書から発展した調べ学習では「そうだったのか！」という〈これまでの経験や知識とむすびつく発見〉をすることになります。好奇心の種は前者の発見でまくことができます。それを育み、没頭へと導くのは後者の発見です。調べ学習による知識と経験の積み重ねが、発見の連鎖をうみだします。お子様には、発見の瞬間の爽快感を、ぜひ味わってほしいと思います。

3　実験・観察をするにあたって

問題の中には、お子様が「本当にそうなのかな？」「やってみたいな」と、実験や観察をしてみたくなるものがあることでしょう。実験と観察については、好奇心のまま走り出す前に、ご家庭であらかじめルールを決めておくことをおすすめします。例えば、「必ず親の了承を得てからやる」「何かで調べてからやる」といったものです。とくに、安全管理に関しては、その理由を親子で確認しておきましょう。なぜ危険なのか、なぜ禁止なのか、なぜその方法で使うのか。それらにはすべて理由があるはずです。その理由を一緒に確認することで、安全に実験・観察できるだけでなく、より深い知識、理解を得ることができます。

子どもがまったく実験や観察に興味を示さない、しかしやってみてほしい、という場合は、科学館や実験イベントに一緒に行くことをおすすめします。理科の実験や観察にくわしい大人や、楽しんでいる他の子に好奇心を触発されることは大いにあり得ます。そして帰り道には、「あれが面白かったね」と会話してみましょう。それが好奇心の後押しになることがあります。

4　分野とタグについて

問題には目次や解答のページに、分野と内容に応じて、タグ付けがされています。次ページにそれぞれの楽しみ方、味わい方を記載しています。参考にしていただければ幸いです。

◆生物分野＝比較を楽しむ （動物）（植物）（そのほかの生物）

動物や植物を見て、どこがどう違うのか、あるいはどう同じなのかを比べてみる。比べてみて何に気付くかは、人によって異なるかもしれません。何に気付いたか、どう感じたかを話し合うことで、着眼点を増やすことができます。

◆地学分野＝ロマンを楽しむ （天体）（季節）（気象）

身近なようで遠く、大きな存在。そこには想像するしかないものもあり、だからこそ人はそのロマンを追い求めたくなるのかもしれません。問題に取り組んだ後は、「今日の月はどんな形？」など、何気ない日々の中でも見られる現象に目を向けてみてください。

◆化学分野＝変化を楽しむ （物質）

世の中すべてのものは「物質」からできています。身近なものが、何でできているのか、どんな変化をするのか。ご自宅で簡単に実験できるものもあります。五感を使って経験することで、より強く好奇心を育むことができることでしょう。

◆物理分野＝法則を楽しむ （電気）（磁石）（光）（運動）（そのほかの物理）

さまざまな物理の法則にしたがって、世界はできています。目の前の現象は、どんな法則によって起こっているのでしょうか。それは別の現象にも当てはまることなのでしょうか。探してみることに面白さがあるのです。

◆技術と生活＝日常の中で探す （発見・発明）（生活）

現在を支える発明・発見の軌跡をたどってみるのも面白いでしょう。また、食べ物や料理など、生活の中には、理科の要素がたくさん隠れています。

著者 ● 高濱正伸（花まる学習会代表）
川幡智佳（花まる学習会）
図版トレース ● 広田正康
カバーイラスト・挿画 ● the rocket gold star
デザイン・DTP ● 南山桃子

考える力がつく

理科なぞペ～

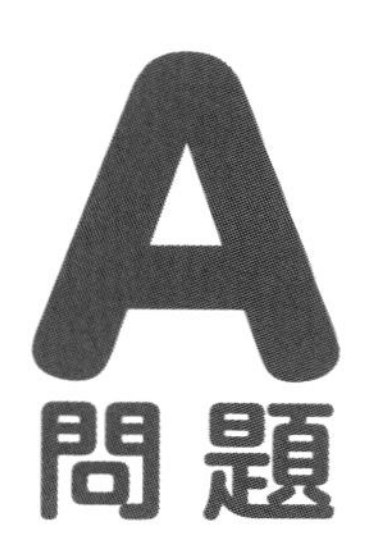

問題

1 ナメクジとカタツムリ

貝がらを持つカタツムリと、貝がらを持たないナメクジは、まったく別の生き物です。しかし、両方とも、大昔に同じ先祖から分かれて、今の形になったと考えられています。

同じ先祖を持つカタツムリとナメクジ。その先祖には貝がらがあったでしょうか、それともなかったでしょうか。

カタツムリ

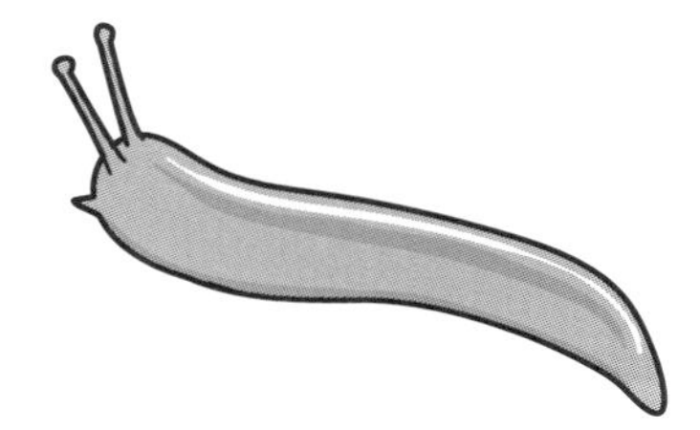

ナメクジ

1 ナメクジとカタツムリ

答え

貝がらがあった

カタツムリやナメクジは、まき貝の仲間です。貝がらを持つ仲間の中から、貝がらを持ち続けるものと、ナメクジやウミウシのように貝がらをなくしたものとに分かれていったようです。貝がらがあると、身を守ることはできますが、貝がらがじゃまで、せまいところにかくれることができないなど、不便なこともあります。ナメクジは、カタツムリが入れないせまいすき間にも入れます。

生き物がこのように長い時間をかけて変化していくことを「進化」といいます。進化は、何かを新しく付け足すだけではありません。もともと持っていたものをなくす（「退化」といいます）のもまた、進化のひとつなのです。

そのほかの動物の退化

足をなくして、すばやくすき間に入れるようになったヘビ

飛ぶために使っていた翼（つばさ）を小さくし、体を大きくして海で生活するようになったペンギン

2 空中の雨つぶのカタチ

雨がふってきました。空からふっているときの雨、つまり空中を落ちているときの雨は、どんな形をしているのでしょうか？　下の図を見て考えてみましょう。

まん丸？

下がつぶれた
おまんじゅうの形？

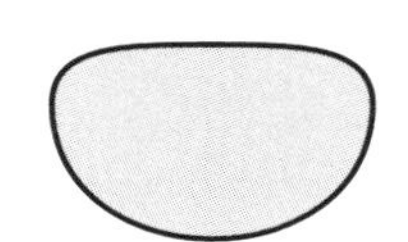

上がつぶれた
おまんじゅうの形？

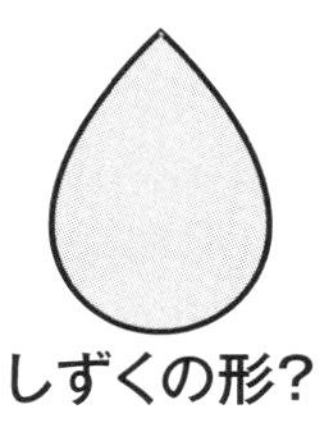

しずくの形？

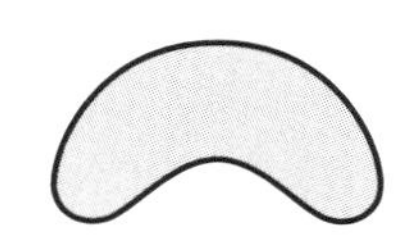

まん中が
へこんでいる形？

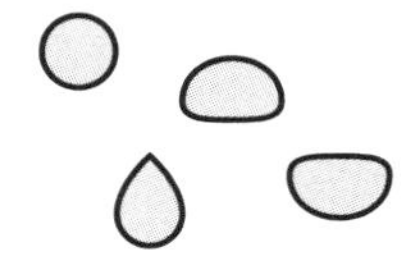

いろいろな形が
まざっている？

2 空中の雨つぶのカタチ 答え

大きさによって形が変わります。

小さい雨つぶ（直径2mmより小さいもの）
……丸い（球の形）
ふつうの雨つぶ（直径2〜5mm）
……下がつぶれたおまんじゅうの形

※さらに大きな雨つぶになると、いくつかに分かれます。

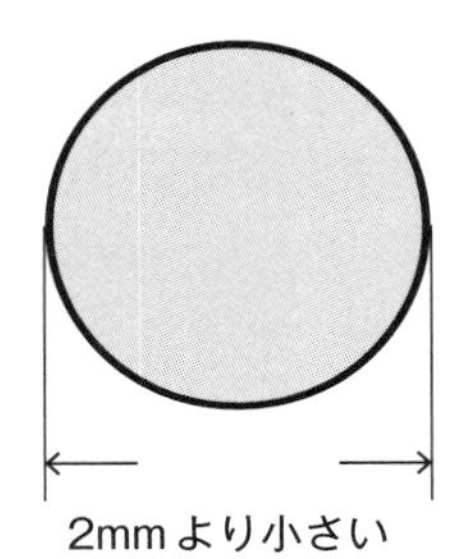

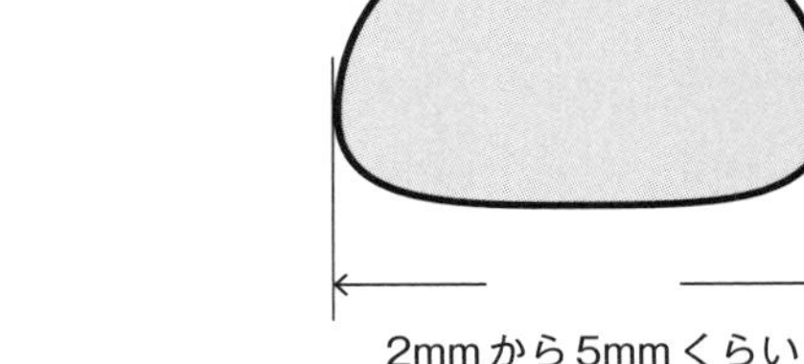

水は、つぶになると丸くなるせいしつがあるため、小さい雨つぶは丸い形をしています。雨つぶは落ちるとき、空気が下からぶつかるため、空気に下からおされます（これを空気の「抵抗」といいます）。雨つぶが大きくなると、落ちる速さが速くなり、空気の抵抗も大きくなります。このため、下の方が空気に強くおされて、下がつぶれた形になるのです。

雲は、水や氷のつぶが集まってできています。風にふかれて雲のつぶどうしがぶつかりあい、だんだん大きくなって、雨になって落ちていきます。雲の中で、下から上へ強い風がふいているときは、つぶが大きくなっても、下からの風のせいでなかなか落ちません。さらに風でささえられないくらい大きなつぶになると、大きな雨つぶになって落ちてきます。

3 磁石と鉄の見分け方

N極やS極がわからないぼう磁石と、同じ大きさ、同じ色をした鉄のぼうがあります。どちらが磁石でどちらが鉄か、どうやって調べればいいでしょうか。ほかのものを使わず調べる方法をヒントを見ながら考えてみましょう。

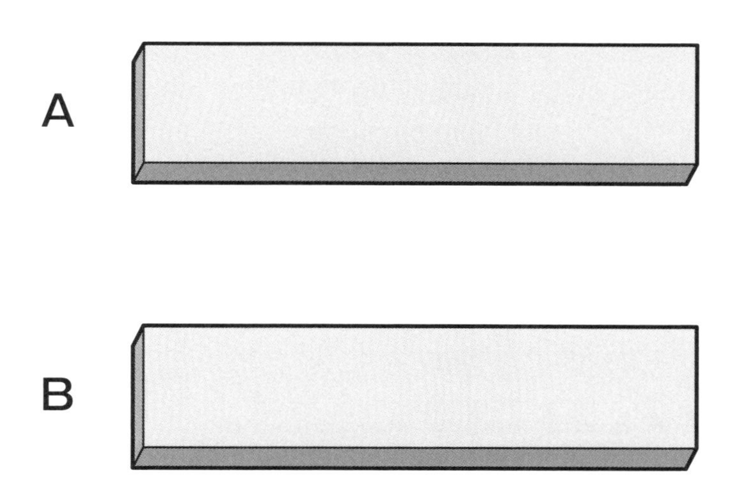

・N極どうし、S極どうしははなれようとし、N極とS極は引きつけあう。
・鉄など一部の金属は磁石に引きつけられる。
・ぼう磁石の場合、ぼうのはしが、一番磁石の力が強い。
・ぼう磁石の場合、中心に近づくほど磁石の力は弱くなり、鉄も引きつけなくなる。

3 磁石と鉄の見分け方

答え

下図のように、T字を作り、引きつけあわないなら横向きのぼうが磁石、くっつけばたてに置いた方が磁石。

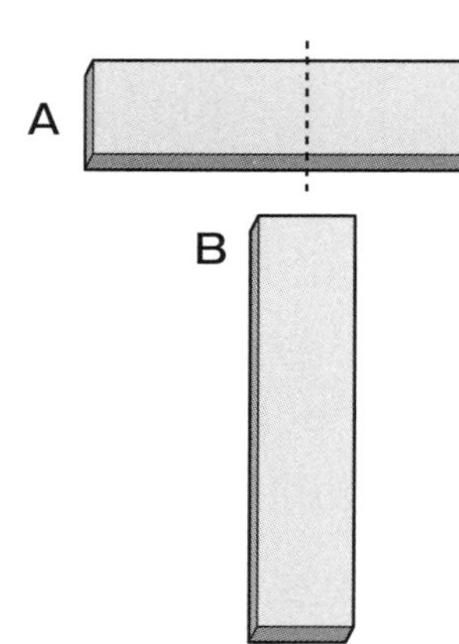

Aの中心に向けて
Bのぼうをたてにおく

ぼう磁石では、中心部分は鉄を引きつける力は弱くなるので鉄くぎなど、鉄でできたものをぼう磁石の中心に近づけても、くっつきません。ヒントからこの方法を思いつけましたか？

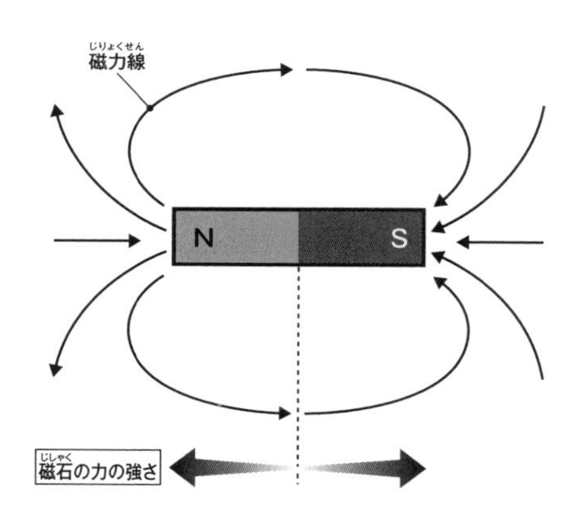

もしほかのものを使って磁石かどうかたしかめるとしたら、以下のような方法もあります。

・鉄でできたものに近づけて、引きけられた方が磁石
・水にうかべたり、糸でつるしたりしたときにかならず北・南に向きが決まる方が磁石

4 日がさを作ろう

日がさを使うと、太陽の光をふせぐので、すずしく感じます。ただ、かさの色によって光をふせぐ力が少し変わるようです。そこで、ためしに日がさを作ってみることにしました。

今、かさ作りに使えるのは、白と黒のぬのだけです。かさの「おもて」と、「うら」に、どんな組み合わせでぬのを使えば、より太陽の光をふせげるでしょうか。①〜④の中から選んでみましょう。理由も考えましょう。

	①	②	③	④
おもて	白	白	黒	黒
うら	白	黒	白	黒

かさのほね

白いぬの

黒いぬの

4 日がさを作ろう

答え

②

じっさいの日がさは、色のほかにも、
さまざまな工夫がされています。

太陽の光をなるべくふせぐには、かさの下にいる人に光が当たらないように、光を「反射」させてしまうか、「吸収」させてしまうか、どちらかの方法を使えばいいのです。

太陽の光には赤・青・緑などあらゆる色の光が入っています。そのすべての色の光を反射すると見える色は「白」です。つまり、白いものは、すべての光を反射する力を持つ、というわけです。ぎゃくに、黒はすべての色の光を吸収する力を持っています。

かさの外側を白くすれば、上からの光をはね返せるので、顔や体に当たる光をへらすことができます。

光は、地面に反射して、下から向かってくることもあります。かさの内側が白いと、下からの光が反射して顔に集まってしまいます。これをふせぐために、すべての光を吸収する黒いぬのを内側に使えばいいのです。

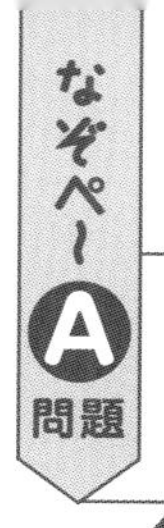

5 昼間の月はどんな月？

昼に月が見えたことはありますか？　夜の月は黄色く光って見えますが、昼の月はどんな色をしているでしょうか。

見える月の形は、毎日少しずつちがいます。昼に見える月が、満月のようにまん丸になることはあるでしょうか。

5 昼間の月はどんな月？

答え

昼の月は白っぽく見える。まん丸にはならない

月は、地球と同じように球の形をしていて、地球のまわりを回っています。自分自身では光らず、太陽から受けた光を反射しています。下の図のように、地球から見て、月が太陽に近い側にあるとき、昼の空に月が見えます。太陽と地球と月の位置がどうなっているかによって、地球から見える月の形は決まるのです。新月は地球からだと光が当たる部分が見えないため、昼の空で見ることはできません。

夜の月は黄色のように見えますが、昼の月は白く見えます。これは「青空」のせいです。人間の目で見ると、月の黄色と空の水色がまざって、白っぽく見えるのです。

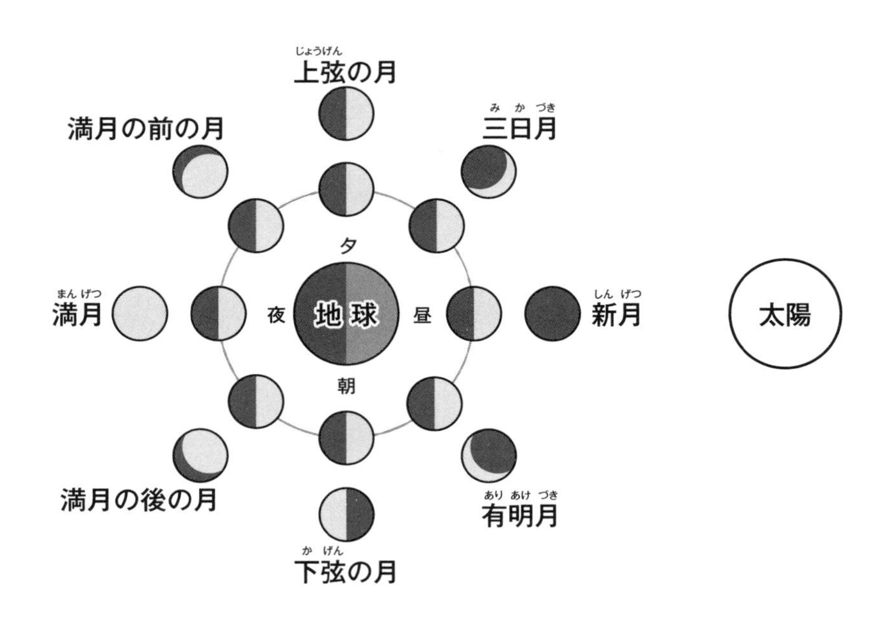

月の位置が変わると、見え方や見える時間が変わります。
月の見える形にはいろいろな名前がついています。

6 おにがパワーアップ！

「かげおに」という遊(あそ)びを知(し)っていますか？　おにに、かげをふまれたら、おにになってしまう遊びです。この遊び、おにが強(つよ)くなってしまう時間(じかん)があります。それは1日(にち)のうちいつでしょうか。

天体　生活

6 おにがパワーアップ！

答え

かげが長くなる朝早くか、夕方ころ

「かげおに」のおには、かげが長い方が、かげをふみやすいですよね。図のように、かげの長さは、太陽が高いところにあるほど（上の方にあるほど）、短くなります。太陽は朝、東からのぼって、だんだん高くなり、昼に南の空で一番高くのぼります。夕方に近づくと西へとしずんでいきます。そのため、お昼ころ、かげの長さは一番短くなります。ぎゃくに、朝早くや夕方は太陽が低いので、かげが長くなります。この時間、「かげおに」のおには、強くなります

昼と夕方や朝では、本当にかげの長さがちがうのか、じっさいに自分のかげを見てみましょう！

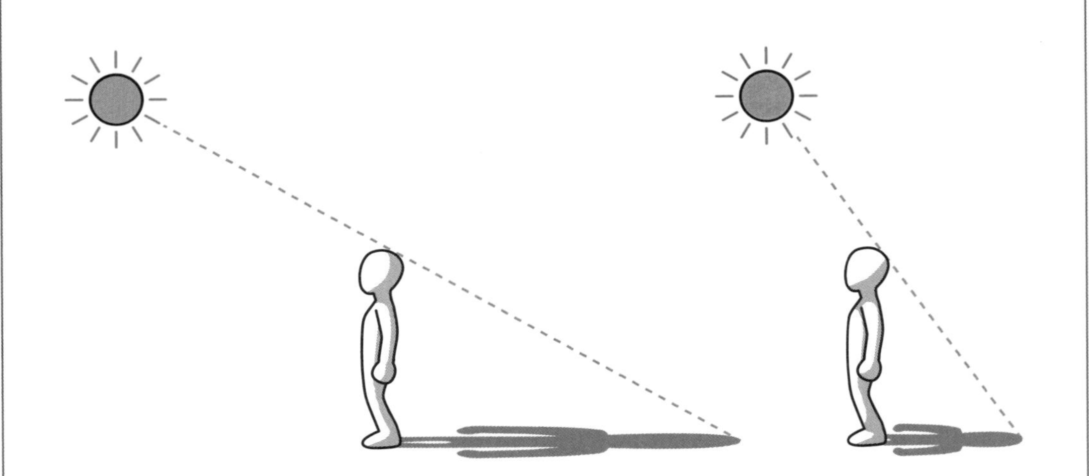

太陽が高いところにあるときと、低いところにあるときの、かげの長さのちがい。

7 葉っぱを落とす木のなぞ

木の葉には、太陽の光を受けて栄養分を作ったり、根からすい上げた水を水蒸気にして出したりするなど、いろいろなはたらきがあります。

木には、秋から冬に葉を落とす「落葉樹」と、冬もずっと葉がある「常緑樹」があります。落葉樹は、どうして秋になったら葉を落としてしまうのでしょうか？

葉を落とす木
（落葉樹）

葉をつけたままの木
（常緑樹）

植物 季節

7 葉っぱを落とす木のなぞ

答え

水分不足でかれないようにするため

木が葉から水分を水蒸気にして出すと、根から水をすい上げやすくなります。しかし、寒くなると根から十分に水をすい上げられなくなってしまいます。すい上げられる水の量が少ないのに、葉から水分が出ていってしまうので、体の中の水分が足りなくなり、これではかれてしまうかもしれません。それをさけるために、落葉樹は葉を落とすと考えられています。

常緑樹は、少しくらい寒くても水を根からすい上げられるようになっていたり、葉をぶあつくして水分がなくなってしまわないようにしたりと、工夫しています。

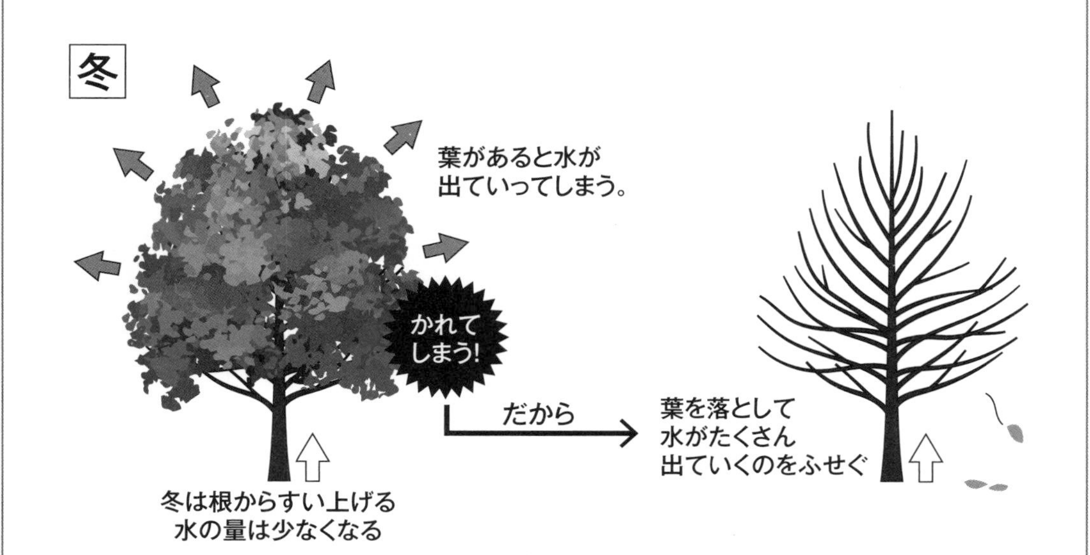

8 種子が旅をする方法

植物の種子（たね）は遠くの新しい場所へ行って育とうと、いろいろな工夫をしています。

タンポポのわた毛がついた種子は、風で遠くに飛んでいきます。ヤマブドウはあまい実を作り、それを動物に食べてもらいます。動物がふんをすると、種子が別の場所に落ちるからです。

では、南の島に生えているココヤシ（ヤシ）の実は、どんな工夫をしているでしょうか？

タンポポの種子

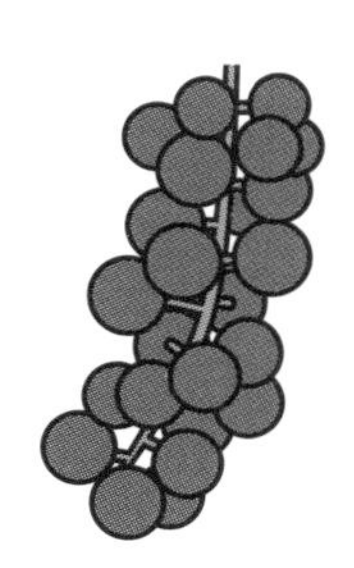

ヤマブドウ

ヤマブドウににている、どくのある植物があります。野外に生えている植物の実は、むやみに食べないようにしましょう。

ヤシの木

8 種子が旅をする方法

答え

水分と栄養がたくさん入っていて
長い間生きのびられる。水によくうく。

ココヤシの実は、海にうかんで流されて、遠くの陸地にたどり着いて育つのに都合がよくできています。

ココヤシの木は成長すると30mぐらいまで高くなります。その実は30cmほどの大きさで、重さは1kgもあります。種子の中には約1L(大きい牛にゅうパック1本分)のココナッツジュースが入っています。この中にある水分と栄養のおかげで、海をわたる長い旅の間も生きのびて、たどり着いた遠い場所で芽を出して育つことができます。種子はとても重いですが、実の部分は大きいわりに軽いので、海によくうきます。

オニグルミやハスのように、川の水に流されて種子を運ぶ植物もあります。

ヤシの実をわったところ。まんなかにココナッツジュースが入っています。人間が飲んでもとてもおいしいジュースです。まわりの茶色いところは軽い「せんい」でできていて、たわしやロープを作るのに使われます。

9 まきつく植物は強い！

植物は、太陽の光を利用して、栄養分を作り出すことができます。そのため、植物は光を自分の葉になるべくたくさんあてるため、工夫をしています。

秋の七草の１つである「クズ」という植物のくきは、アサガオと同じように何かにまきつきながら成長していきます。この何かにまきつくという特ちょうは、植物が葉にたくさんの光をあてるために、どのように役立つのでしょうか。

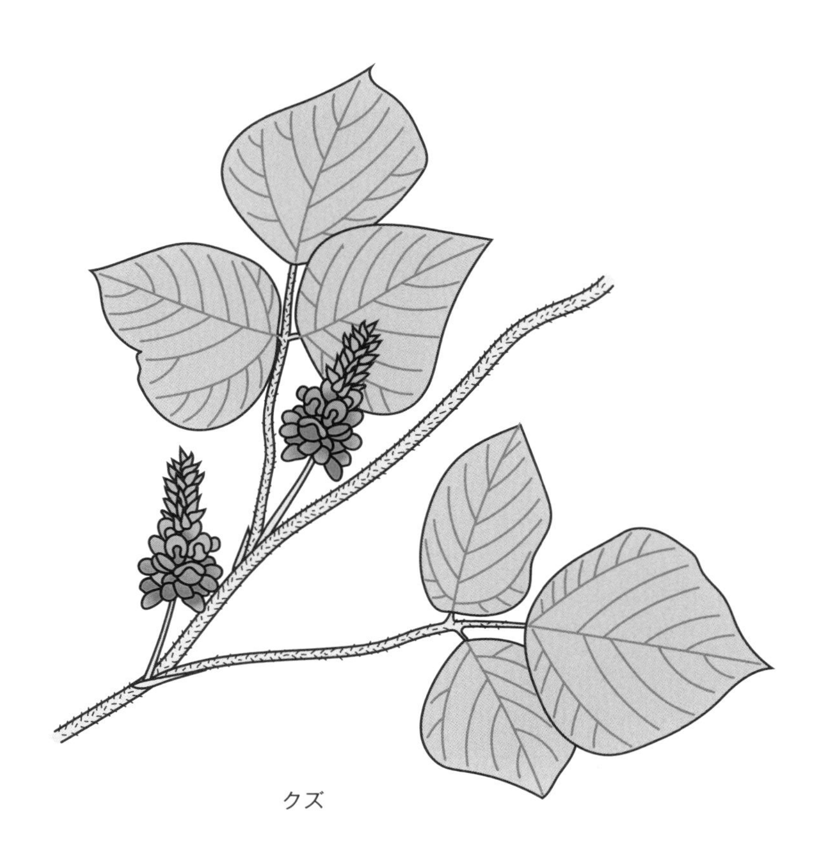

クズ

9 まきつく植物は強い！

答え

①早く高いところに葉をのばしていける。
②ほかの植物やかべの上を葉でおおって、
たくさん光を受けられる。

低い場所は、ほかの植物のかげになってしまうため、光がよく当たりません。ほかの植物より高くのびることができる植物は、たくさんの光を受けられます。

木は、みきを高くのばすことで、葉に光をたくさん受けています。しかし、太く固いみきを高くのばすには、何年、何十年もかかってしまいます。

クズのような「つる性植物」は、細いくきをあらゆるものにからませながら、上にのびるため、短い期間で高いところの光をたくさん受けることができるようになります。木にまきついて、木が受けていた光を横取りすることもあります。また、ほかの植物が生えていない、かべやがけにへばりついて、光をたくさん受けることもあります。

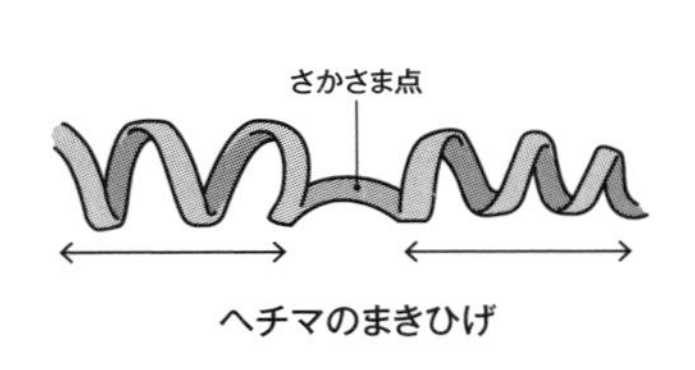

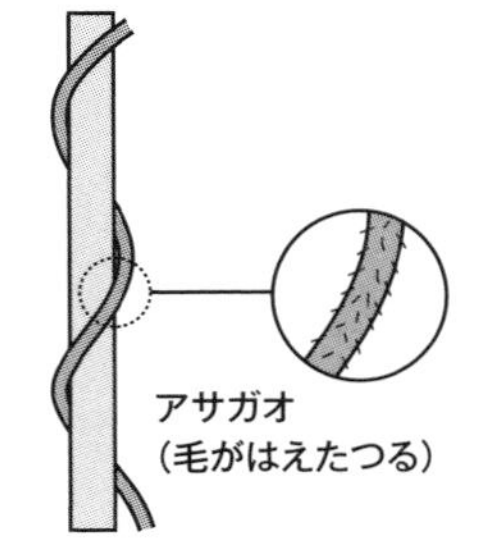

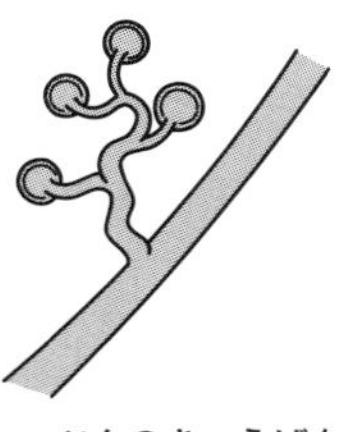

つる性植物のささえ方いろいろ。ヘチマのまきひげは、さかさま点でまき方が、ぎゃくになっています。アサガオのつるには、すべり止めのために毛が生えています。ツタにはきゅうばんがあるので、木などにからみつくだけでなく、がけやかべにはりついて、上にのびることができます。

10 根・くき・葉を食べる

植物の体は「根」「くき」「葉」「花」に分けることができます。野菜は、このどれか、あるいは全部を食べる部分としているわけです。

カレーに入れる「ジャガイモ」「ニンジン」「タマネギ」はすべて土の中で育った部分を食べていますね。しかし、この３つの野菜は、植物の体のうち、それぞれちがう部分を「食べる部分」としています。それぞれ、「根」「くき」「葉」「花」のどこを食べているでしょうか。

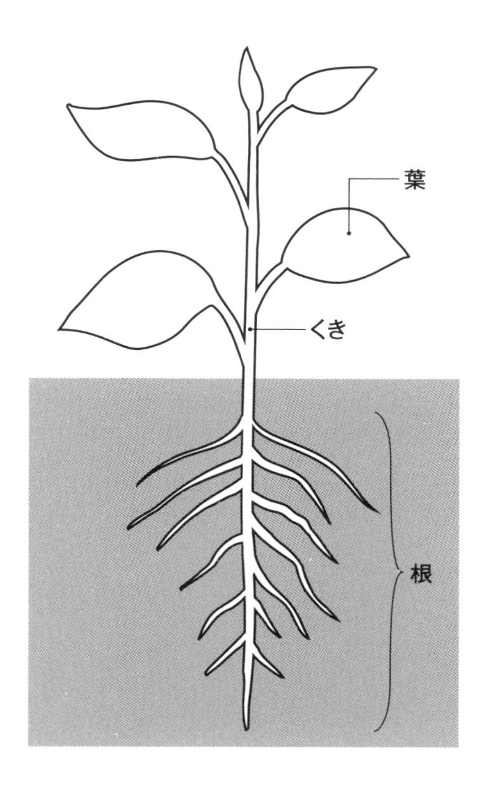

植物の体は「根」「くき」「葉」などに分けられます。植物はそれぞれ、いろいろな形をしているので、土の中にある部分が、根ではないことがあります。

植物　生活

10 根・くき・葉を食べる　答え

ジャガイモ：地下の「くき」
ニンジン　：「根」
タマネギ　：地下の「葉」

ジャガイモ

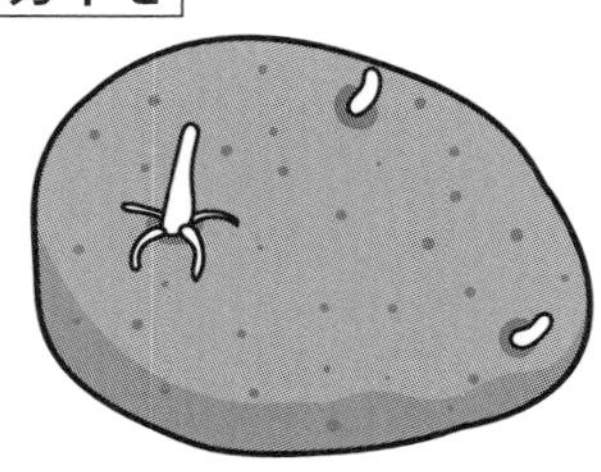

芽（め）からは葉と根の両方が出てきます。ほかにも、レンコンやサトイモも地下のくきを食べています。

ニンジン

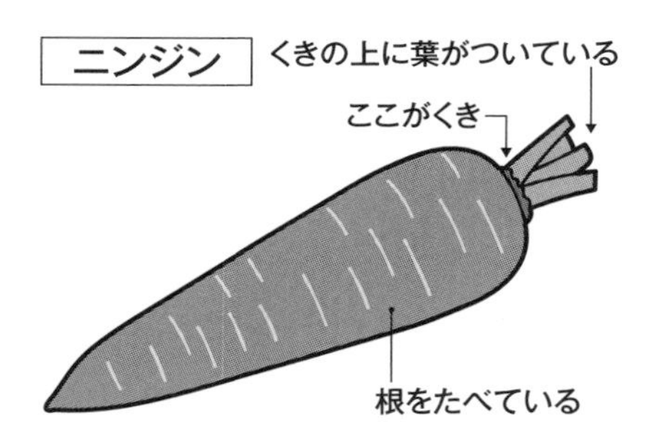

ほかにも、ダイコンやサツマイモ、ゴボウは根を食べています。

タマネギ

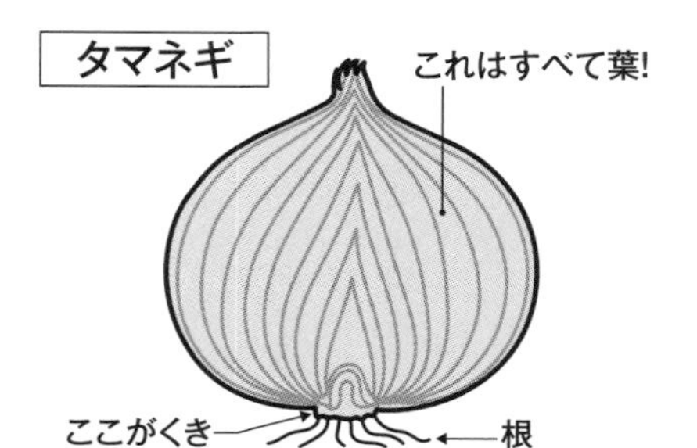

ほかにも、ネギ（白い部分）やユリネは地下の葉を食べています。

11 冬に花粉を運ぶのは？

きれいな花びらを持つ花は、虫にあまい「みつ」をあげるかわりに、花粉を運んでもらって、種子を作ります。

しかし、寒い冬は虫たちは外に出てきません。そこで、寒い冬にも花をさかせるツバキは、別の生き物に花粉を運んでもらっています。ツバキの花粉を運ぶのはどんな生き物でしょうか？

冬にも花がさくツバキ

植物　季節　動物

11 冬に花粉を運ぶのは？

答え

メジロなどの鳥たち

種子を作るほとんどの植物は、同じ仲間の別の花の花粉が、自分の花（めしべ）にくっつくことで、種子ができます。だからこそ、あまいみつを出したり、あざやかな花びらをつけたりして、花粉を運んでくれる生き物をよびよせます。みつや花粉を食べた生き物が、別の花のところに行くと、体についた花粉がそこに運ばれる、というしくみです。

多くの花は、ミツバチなどの昆虫に花粉を運んでもらっていますが、寒い時期に花をさかせる植物や、ジャングルの中にさく花の一部は、鳥やコウモリに花粉を運んでもらっています。

メジロ

12 ドレミのカタチ

ギターやバイオリンの音を出す、ピンとはった糸やはりがねのことを「弦」といいます。

グランドピアノの中にも、太さや長さがちがう約230本の弦があります。けんばんをおすと、ピアノの中にあるハンマーが弦をたたいて、音が出るしくみです。

グランドピアノの形は、この弦の長さによって決まっています。上から見たら、グランドピアノはどんな形をしているでしょうか？　①〜③から選んでください。

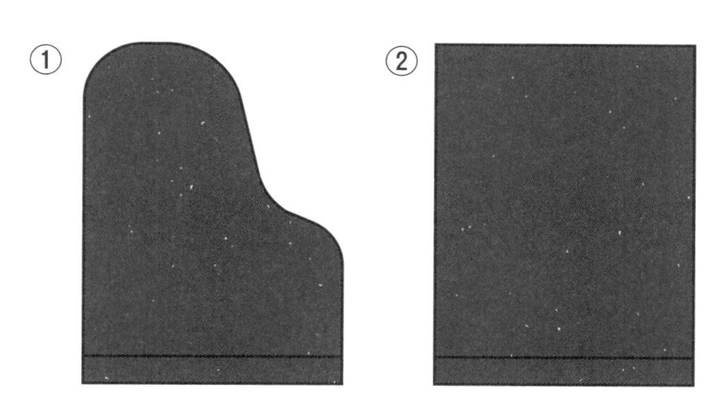

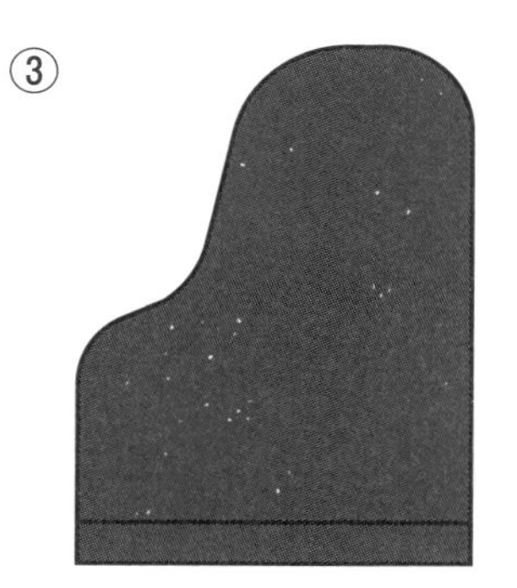

ヒント

ピアノは、一番左に一番低い音のけんばんがあり、右に行くほど高い音になります。

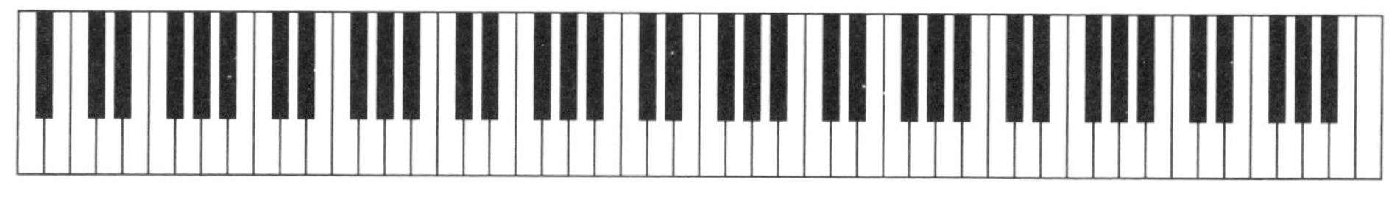

低音 ←→ 高音

12 ドレミのカタチ

答え

①

音は、振動（ものの「ふるえ」）が空気に伝わることで聞こえます。ものが振動すると、まわりの空気も振動し、それが耳の中にも伝わって、聞こえるのです。

では音が高い、低い、というのはどうやって決まるのでしょうか？　これは１秒間に何回、振動するかによって決まります。１秒間にたくさん振動するほど高い音になります。

どうすればたくさん振動するのでしょう。例えばバイオリンやピアノの弦をふるわせる場合、「短く、細く、強い力ではった」ものほど振動数は多くなります。つまり、短い弦は高い音を出し、長い弦は低い音を出すのです。

そのため、グランドピアノで、高い音のけんばんがある右の方は、少しへこんだ形になっているのです。

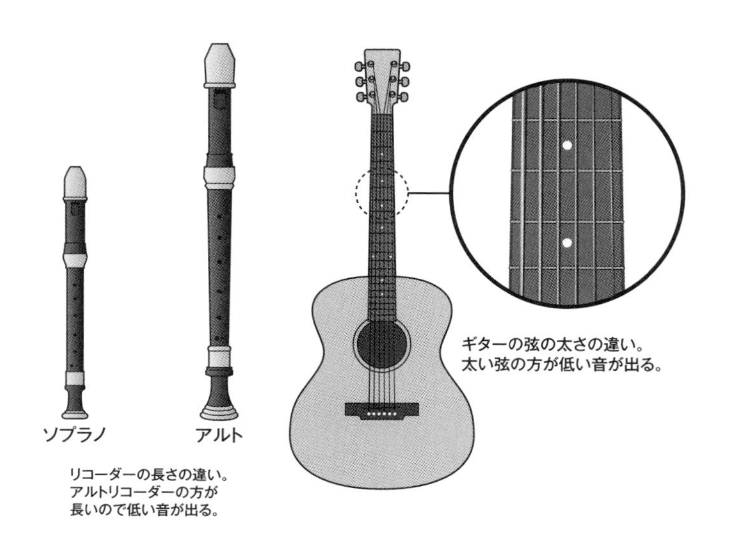

ギターの弦の太さの違い。
太い弦の方が低い音が出る。

リコーダーの長さの違い。
アルトリコーダーの方が
長いので低い音が出る。

ほかの楽器でも、出る音の高さによって形や太さ、長さがちがうことがあります。くらべてみましょう。

13 どこから来た水？

暑い日、こおらせたペットボトルを置いておいたら、まわりが水びたしになってしまった！

ペットボトルのフタはきちんとしめておいたのに、いったいこの水はどこから来たのでしょうか。

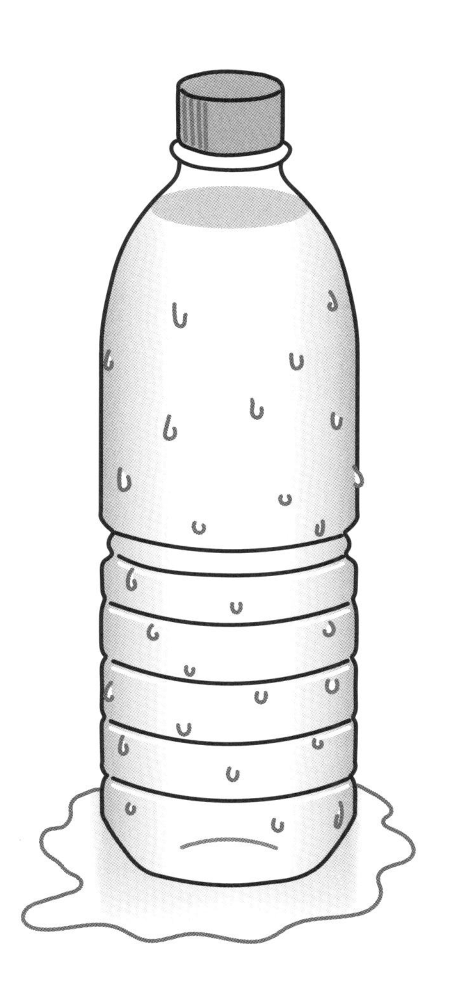

生活　物質

13 どこから来た水？

答え

空気中の水蒸気が冷えて水に変化し、ペットボトルのまわりについた。

フタをしめてあるので、ペットボトルの中の水分が外に出たわけではありません。そのしょうこに、ペットボトルの中身の重さは変わりません。

空気には、「酸素」や「二酸化炭素」がふくまれている、ということを聞いたことがあるでしょうか。空気にはそれだけでなく、冷えると水に変わる「水蒸気」もふくまれています（水蒸気は水が気体になったもの）。とくに、夏のじめじめする暑い日には、空気にたくさんの水蒸気がふくまれています。そのため、「冷たいもの」にふれた空気の中の水蒸気が冷えて、水のつぶになり、くっついて水びたしになってしまったのです。

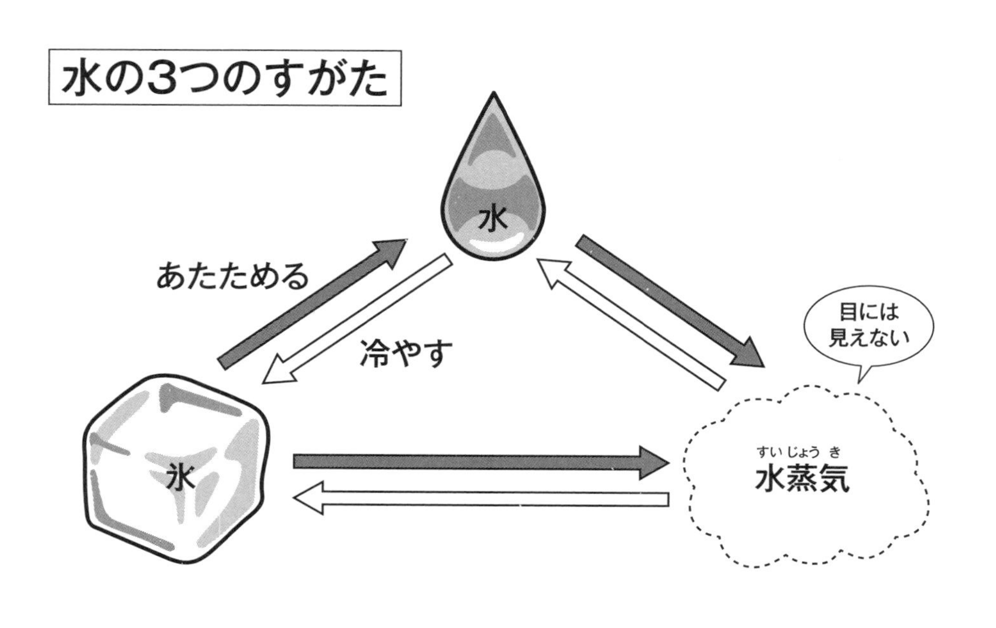

14 サケは赤身？　白身？

ふだん食べている魚は、切り分けたときの身の色で赤身魚と白身魚に分けることができます。では、ピンクのようなオレンジ色のような色をしているサーモン（サケ）は、赤身魚と白身魚のどちらに分けられるでしょうか？

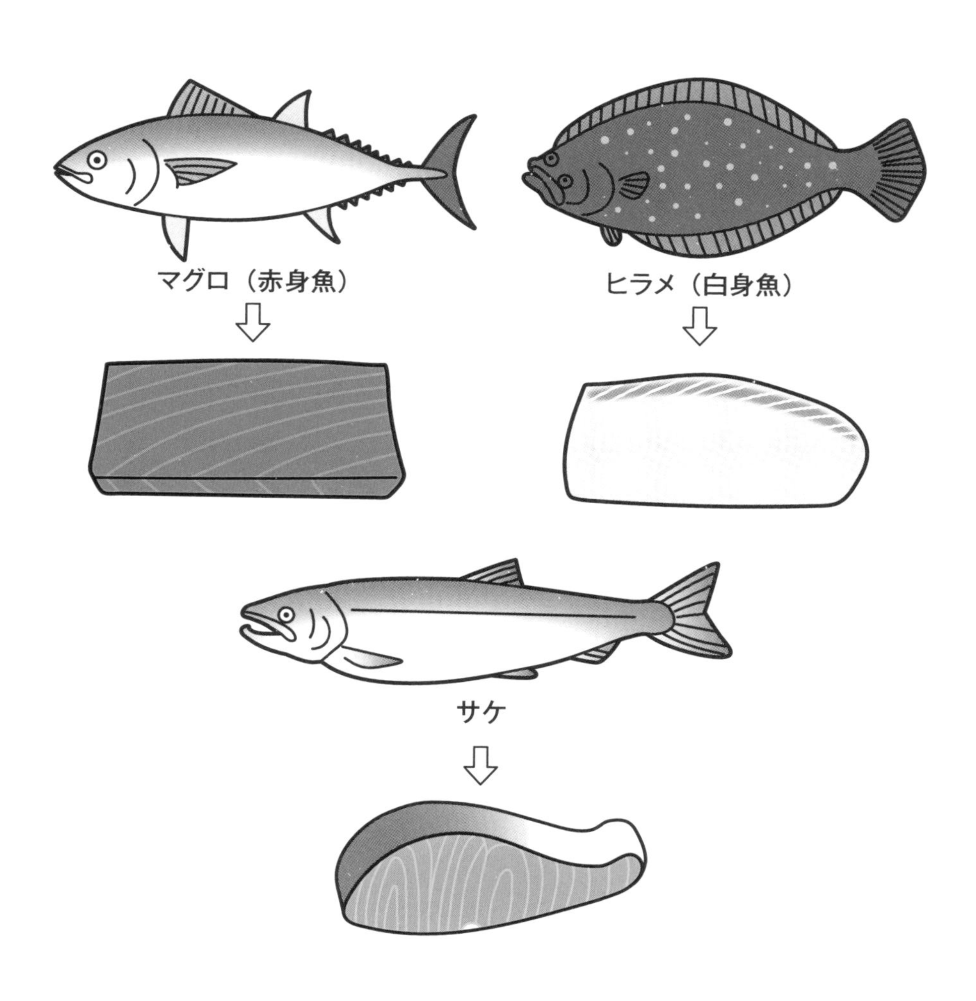

動物　生活

14 サケは赤身？　白身？

答え

白身魚

サケはエサとして「アスタキサンチン」という色素を持つ生き物（エビの仲間のオキアミなど）を食べます。このエサの色が筋肉をピンク色にそめているのです。サケのたまごのイクラが赤いのも、アスタキサンチンのせいです。

マグロなどの赤身の魚は、海の中を速いスピードで長く泳ぎ続けます。動物が長く運動するためには、たくさんの「酸素」が必要です。その酸素を体の中で受けわたすのには、血液の中の「ヘモグロビン」や筋肉の中の「ミオグロビン」という、赤い色素を持ったタンパク質が必要です。マグロの筋肉にはこのミオグロビンが多いので、赤いのです。

一方、タイやヒラメなどの白身魚は、それほど長く泳がないため、筋肉にミオグロビンが少なくてすむので、赤くないのです。

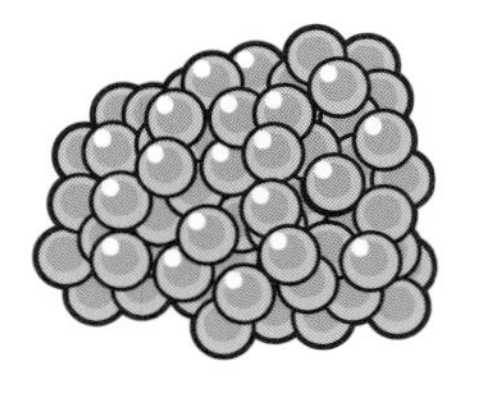

イクラ

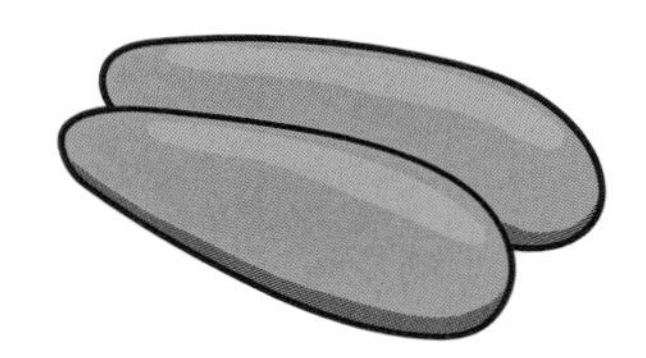

タラコ

サケのたまごのイクラが赤いのは、「アスタキサンチン」のせいです。赤いタラコが売っていることがありますが、これは人間が色をつけたもの。色をつける前のタラコは、ベージュ色のような、うすい色をしています。

15 2つの目で見える世界①

下の図は、肉食動物のライオンと、草食動物のウサギの顔を正面から見たものです。

多くの肉食動物の目は正面に2つあり、多くの草食動物の目は左右にはなれて、横の方にあります。目のある場所には、それぞれの動物が生きていくために「都合がいい」理由があるようです。どんな「都合がいい」ことがあるのでしょうか。

ライオンの目は正面にあり、ウサギの目は横の方にあります。

15 2つの目で見える世界①　答え

肉食動物　エサとなるほかの動物までのきょりがわかるので、つかまえやすい。

草食動物　真横や真後ろを見ることができるので、肉食動物を早く見つけてにげることができる。

両目でものを見ると、見えたものまでのきょりがわかりやすくなります。両目で見ることができるはんいは、目が正面にあると広くなります（ライオンの図）。肉食動物は、ほかの動物をつかまえて食べるとき、相手とのきょりがわかった方が都合がいいのです。

両目がはなれて頭の左右についていると、図のように、自分の真横や真後ろまで、すべての方向をどちらかの目で見ることができるようになります（ウサギの図）。草食動物は、肉食動物がまわりにいるかどうかをすばやく知ってすばやくにげるために、目が左右にはなれてついていると都合がいいのです。

ライオンとウサギの見え方のちがい

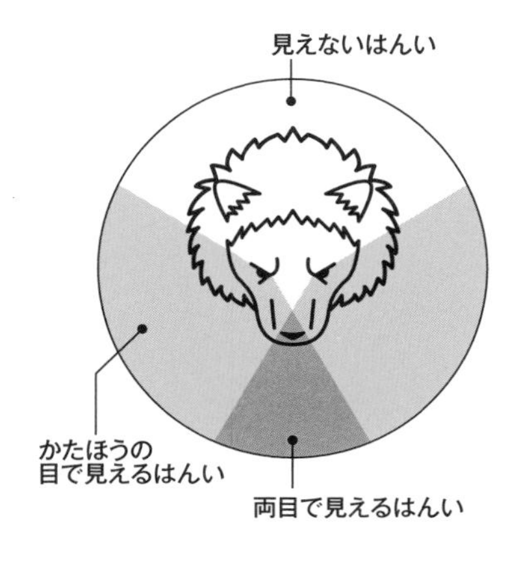

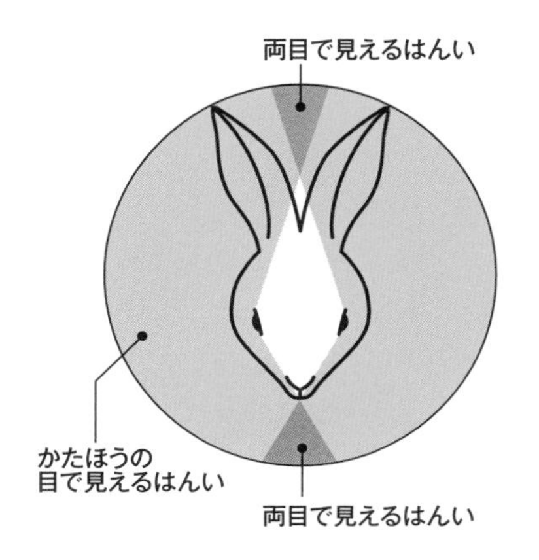

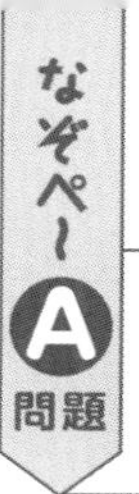

16 長持ちしたかんづめ

1804年に、ニコラ・アペールというフランスの料理人が、今もジャムなどに使われる「びんづめ」を発明しました。そのすぐあとに「かんづめ」も発明されました。かんづめは200年も前からあるのです。

かんづめの賞味期限（おいしく食べられる期間）はおよそ24か月～36か月とされています。しかし、1938年に、それよりもずっと古いかんづめを食べたという記録が残っています。無事に食べられたそうですが、およそ何年前のかんづめだったのでしょうか。①～④からえらんでみましょう。

①10年　②30年　③50年　④100年

16 長持ちしたかんづめ

答え

④100年

　1938年にイギリスで「114年前のかんづめをあけて食べた」という記録が残っています。北極観測隊用の肉や野菜のかんづめだったそうです。（まねして賞味期限のすぎたかんづめを食べてはいけません！）

　食べ物がくさるのは、微生物（細菌やカビなど）のせいです。食べ物を長持ちさせるには微生物がふえなければいいのです。かんづめは、高い温度にして中の微生物を死なせて、さらにぴったりフタをして空気にふれないようにしています。ほかにも下の図のような方法で、食べ物を長持ちさせることができます。

食べ物を長持ちさせる方法

空気にふれさせない

レトルトパウチ

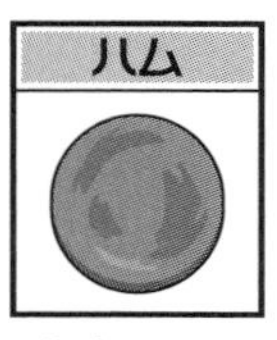

真空パック

水分をへらす

※水分がないと微生物は増えることができません。

カツオブシ

かんそうさせる

梅ぼし

塩づけやさとうづけ

温度を下げる

※多くの微生物は温度が低すぎると動けなくなってしまいます。

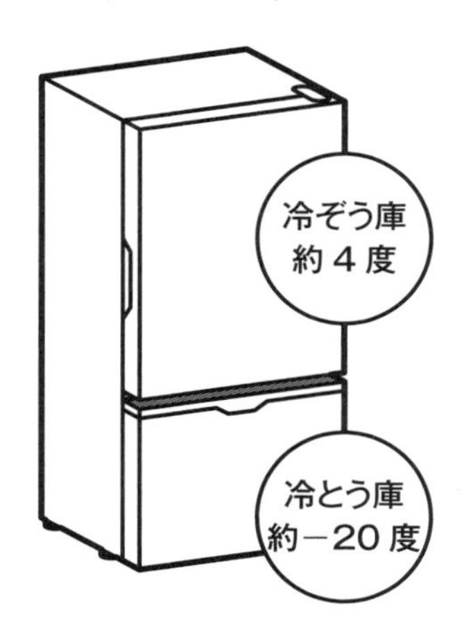

17 最初の電球の材料は？

ジョセフ・スワンなどの人の研究をもとに、トーマス・エジソンが改良して作った「白熱電球」は、フィラメントに電気が流れると、光るしくみを利用しています。

今の電球は、フィラメントにタングステンという金属が使われています。しかし、エジソンは最初、別のものを使って電球を作りました。エジソンがフィラメントとして使った材料は何だったでしょうか。①〜③からえらんでみましょう。

①はりがね　②アルミホイル　③炭

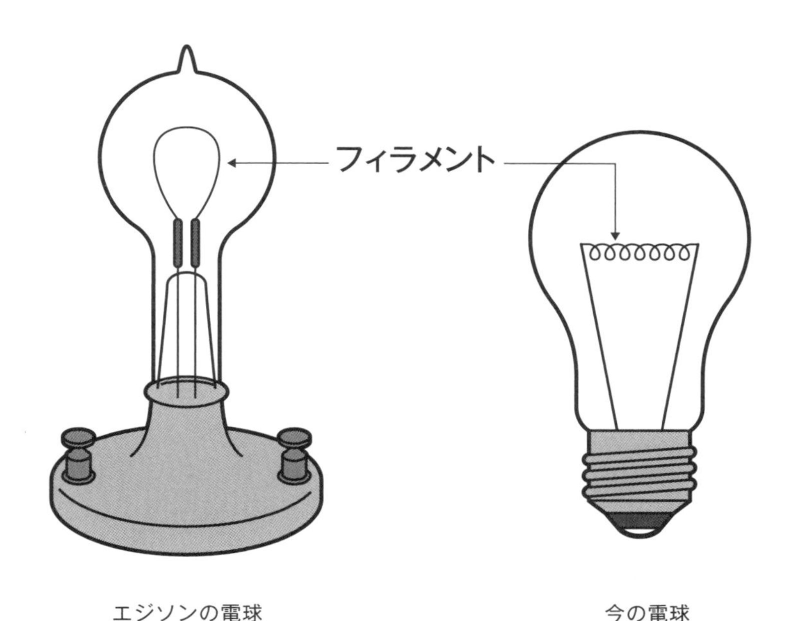

エジソンの電球　　今の電球

発明・発見　電気　生活

17 最初の電球の材料は？

答え

③炭

フィラメントに電気を流すと熱くなって光を出します。でも、熱いせいで、短い時間で焼き切れてしまうのが問題でした。長持ちするフィラメントを作るため、エジソンはさまざまな材料をためしました。その中でうまくいったのが「竹の炭」でした。竹を炭にしてためしたところ、白熱電球は200時間、切れなかったのです。そこで、世界中の竹を集めて実験を行い、ついに1200時間も長持ちする白熱電球の開発に成功したのでした。

1200時間、光り続けたフィラメントの材料になったのは、日本の京都府八幡市の「マダケ（真竹）」。意外にも、世界を明るくした電球の開発には日本のものが関わっていたのでした。

今の電球のしくみ

今の電球

ガラス

フィラメント
（タングステン）

口金

だん面図

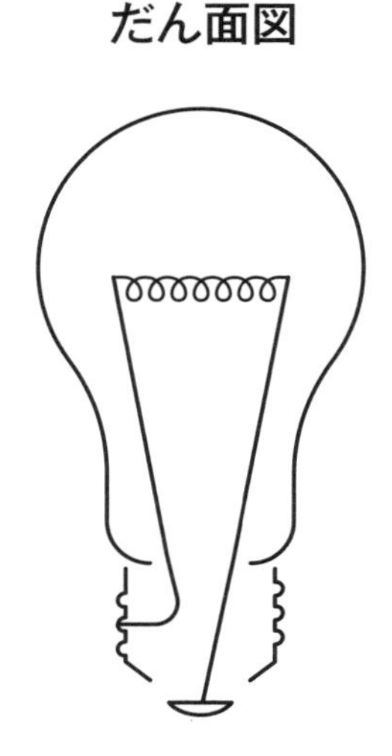

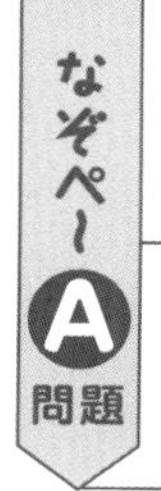

18 消しゴムがなかったころ

ふだん使っている鉛筆と消しゴム。先に登場したのは鉛筆でした。消しゴムがなかった時代、当時の人は消しゴムのかわりにあるものを使って鉛筆の字を消していたそうです。いったい何を使っていたのでしょうか？

①指　②パン　③白いチョーク

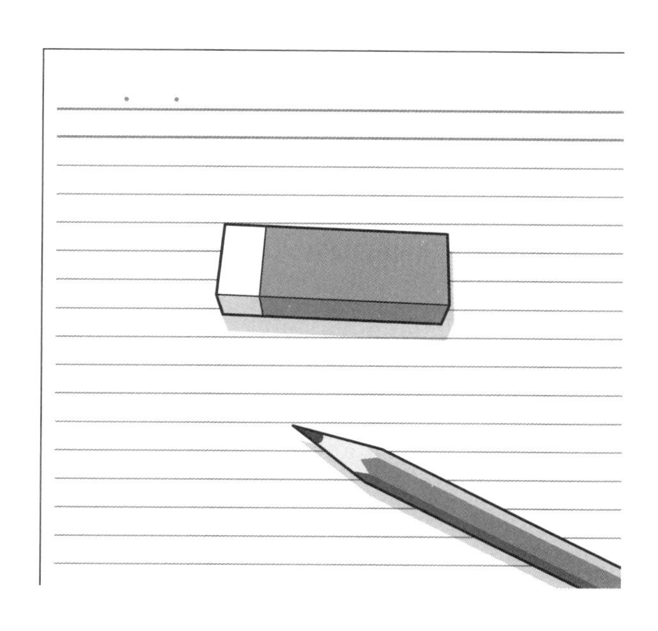

18 消しゴムがなかったころ　答え

②パン（白い部分）

消しゴムができたきっかけは1770年、イギリスの化学者であるプリーストリーが天然ゴムで鉛筆の字が消せると発見したことです。それまでは、パンの白い部分を消しゴムのように使って鉛筆の字を消していました。今の消しゴムの多くは、じつは「ゴム」ではなく、プラスチックでできています。

鉛筆をけずると、しんが黒いこなになって、ちらばりますね。紙に鉛筆で書くと、紙のせんいのでこぼこに、このこなが入りこんで、黒く見えます。この黒いこなは、「黒鉛」というもので、炭素でできています。

消しゴムで紙の表面をこすると、図のように、消しゴムのカスが黒鉛のこなをまきこむので、こなはなくなります。鉛筆の字を指でこすっても黒い部分が広がるだけ。白いチョークでなぞっても、黒いこなはなくならないので、消すことはできません。

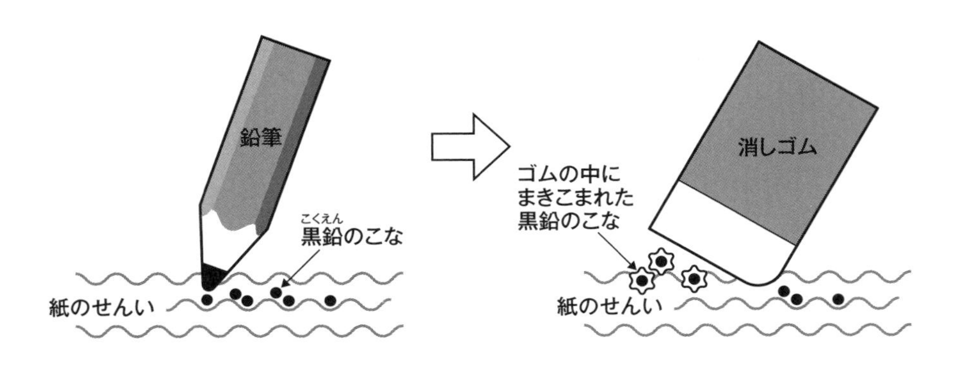

19 顕微鏡を最初に作った人

1590年ころに発明された顕微鏡は、体にある細胞や微生物の発見になくてはならない道具です。この顕微鏡を最初に作ったのは、科学者ではなく、あるものを作る職人でした。いったい何の職人だったのでしょうか。①～③からえらんでみましょう。

①メガネ職人　　②ガラス職人　　③鏡職人

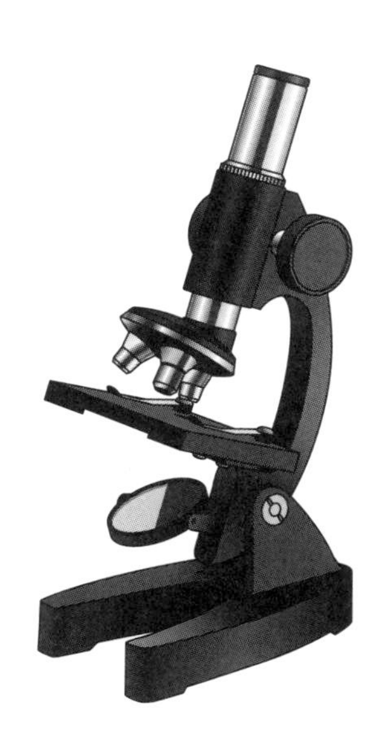

19 顕微鏡を最初に作った人　答え

①メガネ職人

1590年ころにオランダ人のメガネ職人、ハンス・ヤンセンとその息子のサハリアスは、丸い「つつ」の中にレンズを２つ入れて最初の顕微鏡を作ったといわれています。最初は10倍ぐらいの大きさにして見られるだけでしたが、その後、さまざまな工夫がされ、100倍や200倍に見えるようになりました。1660年ころには小さな細胞や微生物が見えるようになり、とくに生物学や医学の進歩にとても役立ちました。今では約1000倍も大きくして見ることもできるそうです。

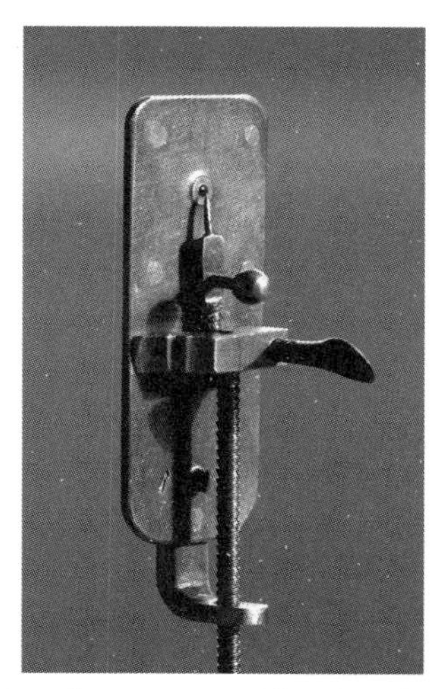

レーウェンフックが作った顕微鏡。金属（きんぞく）の板に小さなガラスの球をはめて、レンズのかわりに使いました。オランダ人のアントニ・ファン・レーウェンフックはこの顕微鏡で、世界で初めて微生物を発見しました。

フックが使った顕微鏡。イギリス人のロバート・フックは顕微鏡でコルクを見て「細胞」を発見しました。また、顕微鏡を使ってさまざまなものを観察して絵にした本を出しました。

20 鉛筆のこさは何種類？

鉛筆には「黒のこさ」がちがうのものがあります。日本で作られている鉛筆の「黒のこさ」は何種類でしょうか。ふだん使っている鉛筆に書いてある数字もヒントにしながら考えてみよう。

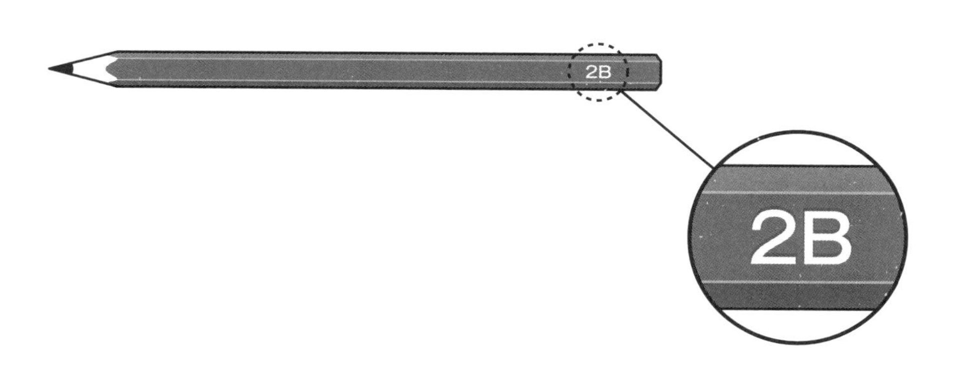

発明・発見 生活 物質

20 鉛筆のこさは何種類？

答え

17種類

黒のこいほうから、

6B、5B、4B、3B、2B、B、HB、F、H、2H、3H、4H、5H、6H、7H、8H、9H

B（Black・ブラック）：「黒い」を意味する文字。黒く太く書ける。

H（Hard・ハード）：「固い」を意味する文字。しんをとがらせて細い線が書ける。

F（Firm・ファーム）：「しっかりした」を意味する文字。

鉛筆の「しん」は、黒鉛（石墨、グラファイトとも）という炭素の仲間とねん土をまぜたものを焼き固めて作ります。黒鉛の量が多ければ多いほど、黒がこく、やわらかなしんになります。粘土の方が多ければ多いほど、黒がうすく、固いしんになります。例えば、HBの鉛筆では、黒鉛が約70%、粘土は約30%です。

Bシリーズの鉛筆は紙に強く押しつけなくても、くっきりとした黒い線を書くことができます。そのため、小学校の子ども用によく使われます。Hシリーズはしんをとがらせて細かい線を書きやすいので、設計図を正確に書くときなどに使われます。

1560年代にイギリスで黒鉛鉱が発見され、鉛筆作りがはじまりました。その後1795年、フランスのニコラス・ジャック・コンテが今の鉛筆の作り方を発明したといわれています。

21 ゆれるランプと時間

1583年ごろ、イタリアのガリレオ・ガリレイは、教会の天井からつるされたランプがゆれているのを見て、「ゆれるはばが、じょじょに小さくなっても、行ってもどってくるのにかかる時間は同じ」であることに気づきました。そのころはまだ、秒の単位で時間をはかる時計はありませんでした。しかし、ガリレオはあるものを使って、ランプがゆれる何秒かの時間をはかったといわれています。何を使って時間をはかったのでしょうか。

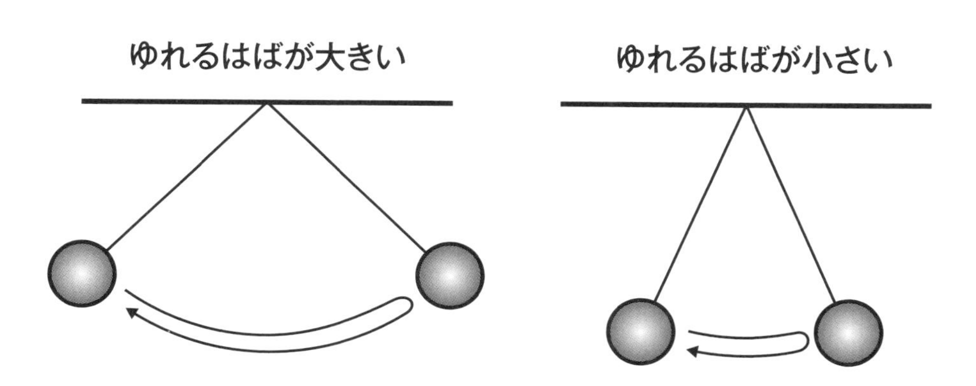

ゆれる速さはちがうけれど、行ってもどるのにかかる時間は同じ

21 ゆれるランプと時間　答え

自分のみゃくはく

ガリレオが調べた教会のランプのように、ひもなどの先におもりをつけてつるしてゆらすもののことを、「振り子」といいます。ガリレオは、振り子がゆれる「はば」が小さくても大きくても、行ってもどってくるのにかかる時間は変わらないことに気づきました。ガリレオは自分のみゃくはくの回数を数えることで、振り子のゆれる時間をはかって、このことをたしかめたといわれています。

振り子のひもの長さが同じなら、ゆれるはばや、おもりの重さに関係なく、行ってもどってくる時間は同じです。このことを利用して、のちに「振り子時計」が発明されました。振り子を利用したものに、ほかにブランコやメトロノームがあります。

振り子時計

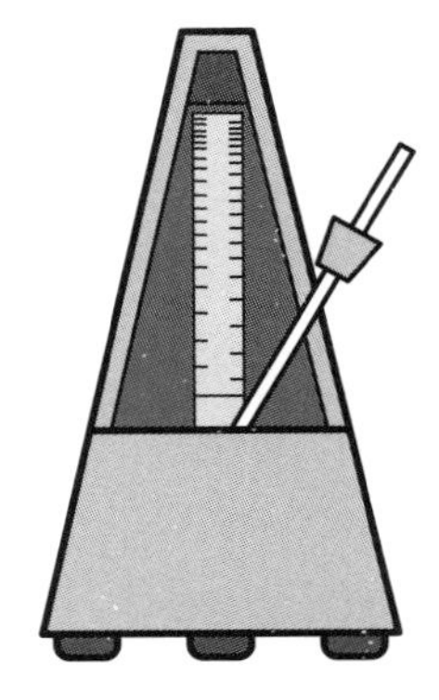
メトロノーム

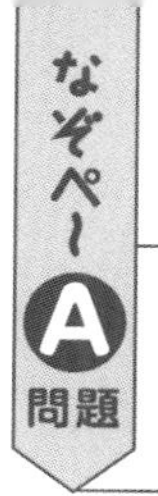

22 1mの長さはどう決めた

今は世界のほとんどの国で、長さやきょりをはかるのに「メートル」という共通の単位を使っています。

このメートルの単位、つまり「1m」の長さはどのように決まったのでしょうか。じつは、フランスの科学者により、あるものの長さ・きょりをもとに、世界共通で使えるように決められたものです。その「あるもの」とは、いったい何でしょうか。

22 1mの長さはどう決めた　答え

地球の大きさ（北極から赤道までのきょり）

地球の北極から赤道を通って南極に行き、また北極へもどってくる線のことを「子午線」といいます。この子午線のうち、北極から赤道までのきょりの1000万分の1を、1メートル（1m）とする、と決めたのです。1791年のことです。

でも、1mを決めるのに、毎回、地球の大きさをはかるのは大変です。そこで、19世紀末に長さ1mの「メートル原器」が作成され、世界中の物差しはこれをもとに作られるようになりました。

今では、もっとせいかくに1mの長さを決めるため、光の速さを使っています。1秒間に光が真空中を進むきょりの299792458分の1、と決められているのです。

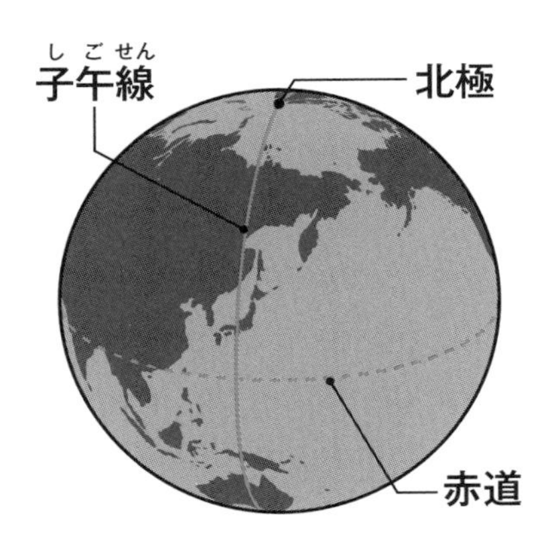

1メートルのもととなった「子午線」

23 カイロ・メイロ①

電球を光らせたり、モーターを動かしたりするときの電気の通り道を、「回路」といいます。下の【回路の例】にあるように、回路が電池の＋極から電球まで、さらに電球から－極まで、途中でとぎれることなくつながっていないと、電球は光りません。下の図のうち、電気が流れず点灯しない豆電球が３つあります。どれでしょうか。

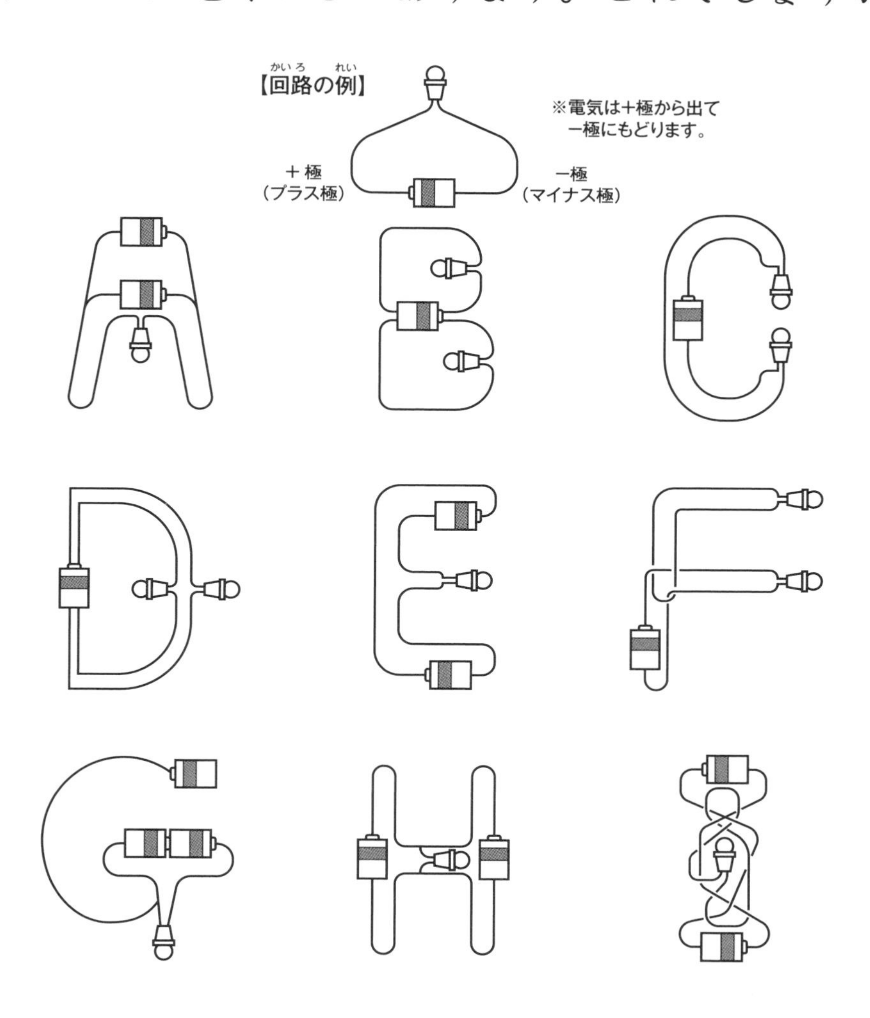

23 カイロ・メイロ①

答え

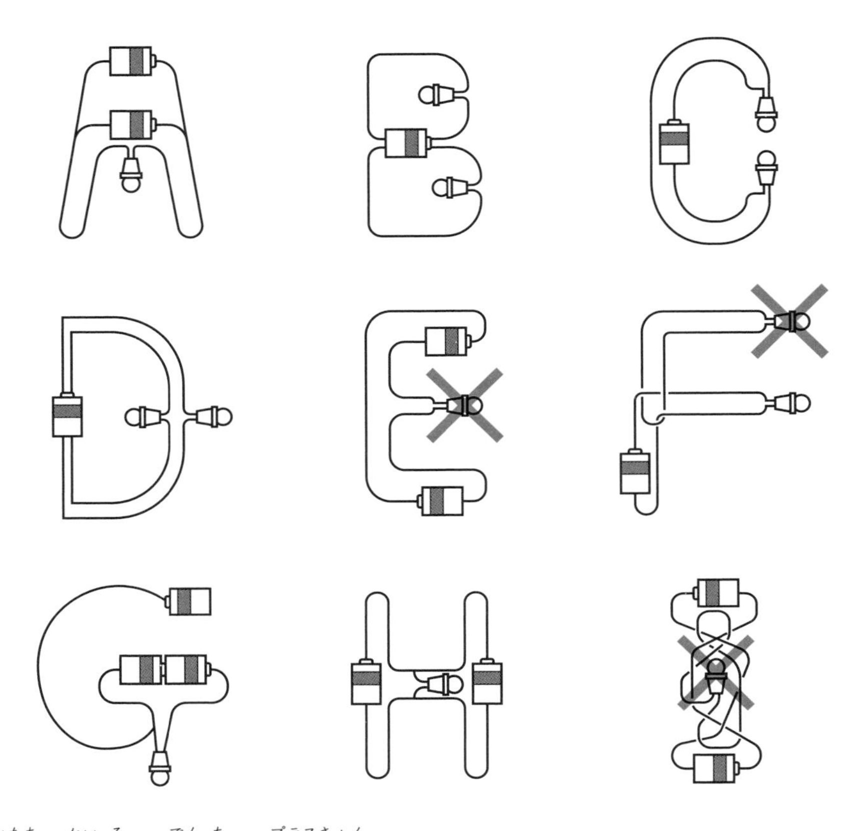

Eの形の回路：電池の＋極どうしがつながっています。
これでは電気は流れません。

Fの形の回路：よく見ると、かた方だけ電池が
つながっていません。

Iの形の回路：電球を通らずに電池の＋極と－極が
つながってしまっています。
※これは「ショート回路」といって強い電気が流れるあぶないつなぎ方です。やけどしたり、火事が起きたりすることがあります。ぜったいにまねしてはいけません。

24 カイロ・メイロ②

身の回りのものには、電気が流れるものとそうでないものがあります。下の図で、電気が流れるものだけを選んで線でつなぎ、１つの回路を完成させてください。

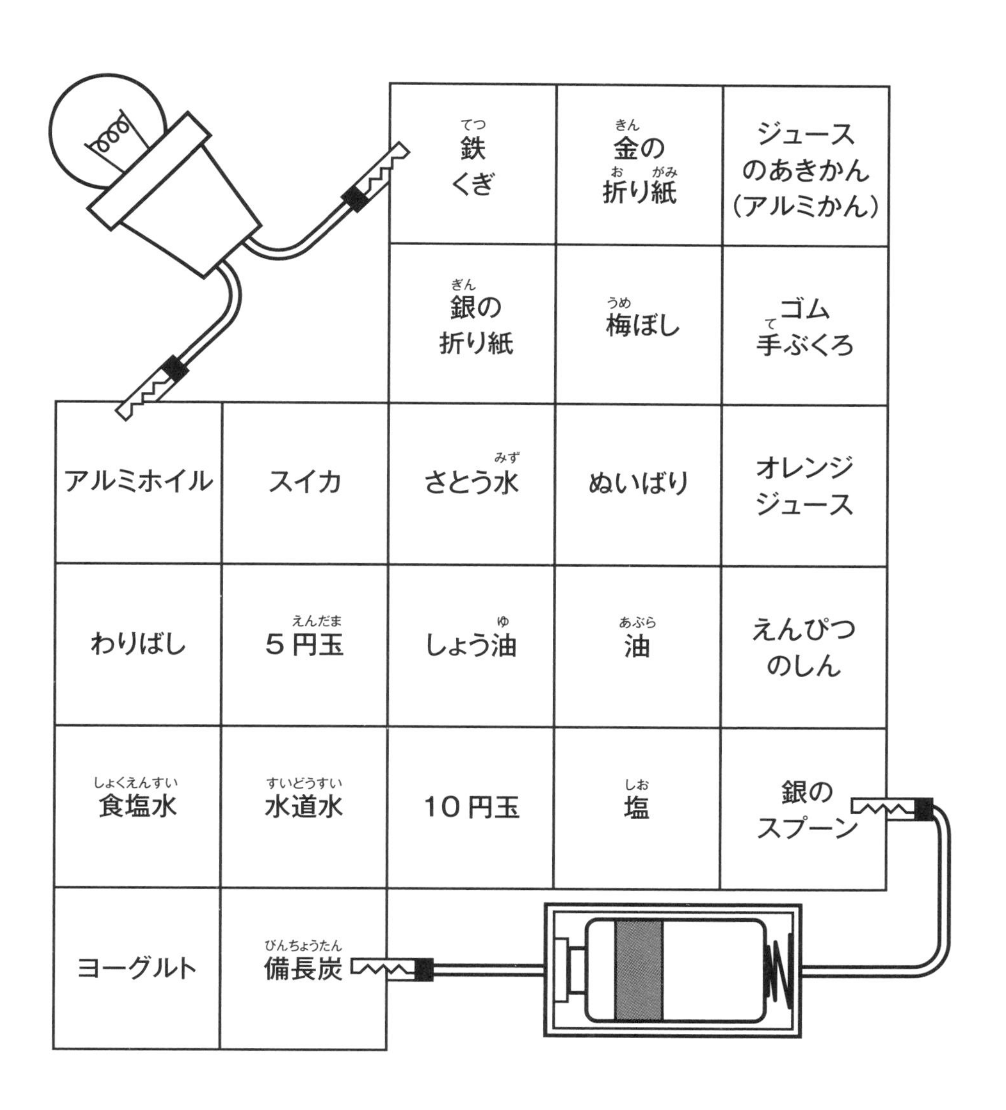

電気　物質

24 カイロ・メイロ②

答え

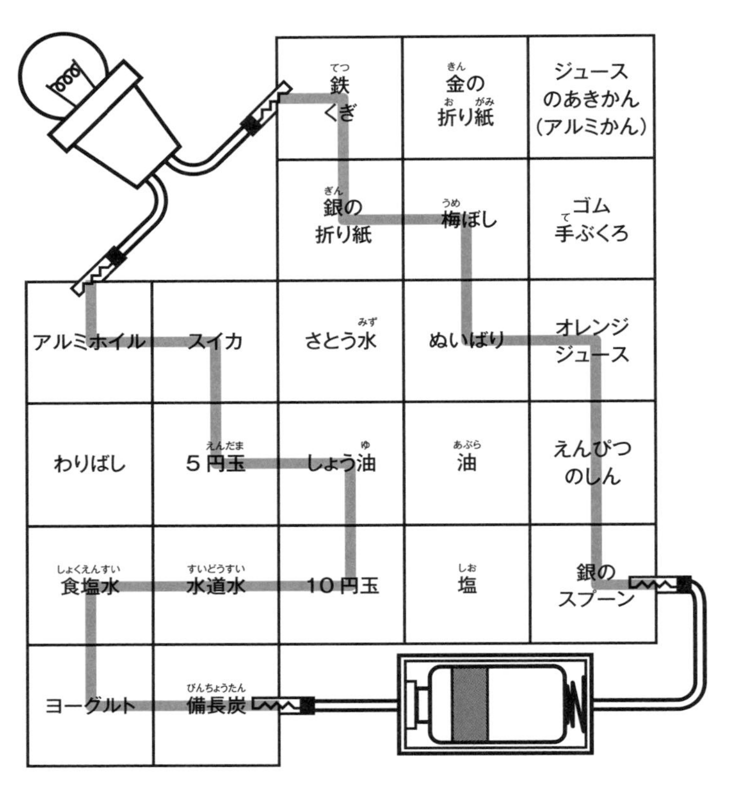

電気は、金属（きんぞく）や何かがとけている水（さとう水など例外もあります）、鉛筆（えんぴつ）の「しん」を流れることができます。

もともと電気を通すものでも、何か電気を通さないものがはってあったり、ぬってあったりすると、電気が流れません。例えば金の折り紙は、銀紙の上に黄色いセロハンがはってあります。ジュースのあきかんも表面にとりょうがぬってあります。そのため、紙やすりなどで表面をけずると電気は流れますが、何もしないままでは電気は流れないのです。

何もとけていない水は電気を流しません。水道水にはしょうどくのための「塩素」などがとけているので電気を流します。ほかにもヨーグルトや梅ぼしなど、意外なものにも電気が流れます。

25 電気が流れると磁石

鉄のぼうに導線をまくと、電気が流れたときだけ磁石になる「電磁石」ができます。電磁石は、ふつうの磁石とちがって、Ｎ極とＳ極を変えることができます。

導線のまき方、電気の流し方が図のようなとき、Ｎ極とＳ極はこのようになります。では、①〜③の電磁石のＮ極とＳ極はどのようになるでしょうか。ヒントを見て、下の図の方位磁針に針を書いてみましょう。

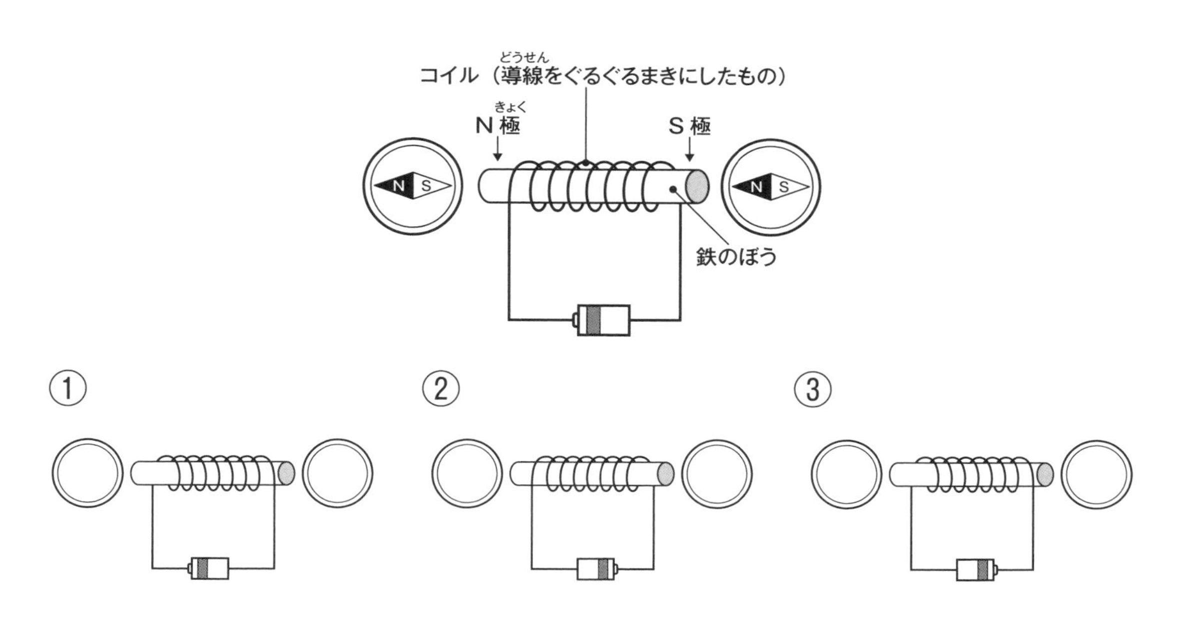

・導線のまき方（右まきか左まきか）が反対になると、電磁石のＮ極とＳ極も反対になります。
・電気の流れ（電池の向き）が反対になると、電磁石のＮ極とＳ極も反対になります。

25 電気が流れると磁石

答え

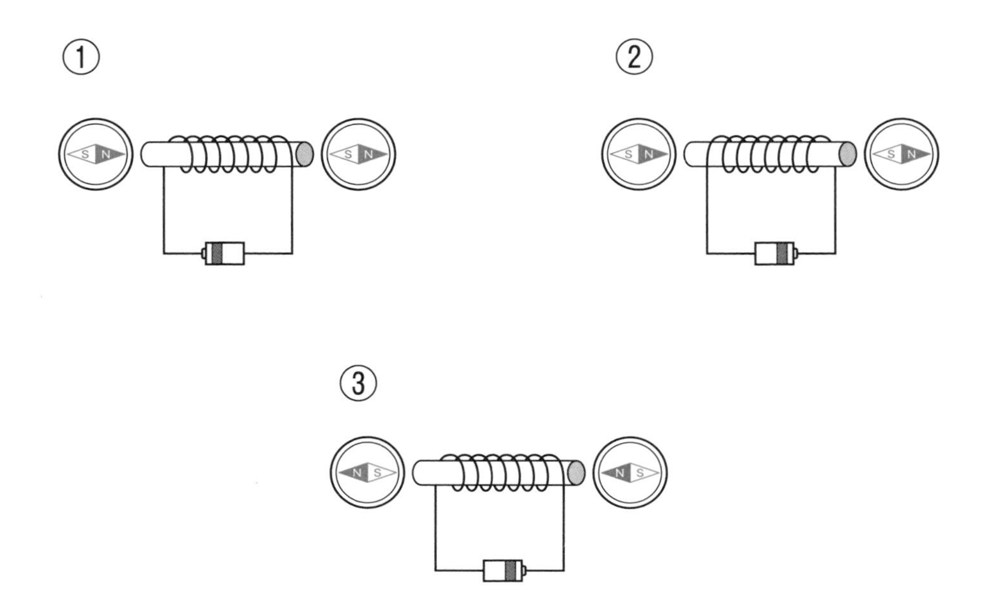

電磁石は、電気の流れる向きや導線のまき方を変えるだけで、N極とS極を変えることができる磁石です。しかも、電気を止めれば、磁石ではなくなります。便利なので、さまざまな場所で利用されています。

例えば、あきかんを仕分けるときも電磁石が使われます。スチールかん（鉄でできたかん）とアルミかんがまざっているところに、電磁石を近づけると、スチールかんだけをくっつけることができます。そして、スチールかんをくっつけたまま別の場所に動かしたあと、電磁石の電気を切れば、スチールかんはくっついていられなくなり、下に落ちます。こうして、かんを分別することができます。

時計のおかげで船旅が安全になった話

ある日のお昼の12時（正午）に、日本からイギリスやアメリカに「今そちらは何時ですか？」と電話をかけてみました。すると、イギリスではまだ暗い午前3時だといいます。つまり日本より9時間前の時刻です（これを「9時間の時差がある」といいます）。アメリカでは、なんと前の日の夜10時、つまり日本より14時間も前の時刻だというのです。なぜ国によって「今」の時刻はちがうのでしょうか。それには地球が丸く、地球が回っていることが関係しています。

地球は丸いので、太陽の光が当たっているところは昼に、そのうら側は光が当たらないので夜になります。もし、世界共通で同じ時刻を使っていたら、例えば時計は午前7時を指しているのに、ある国では真夜中だったり、ある国では夕方だったりと、なんだか変なことになってしまいます。そのため、それぞれの土地でべつべつに時刻を決めることにしたのです。

地球は1日（24時間）で1回転（360度）します。つまり、1時間で15度、西から東に動いています（これを地球の自転といいます）。そのため、太陽は東からのぼり、西にしずむように見えます。地球の自転により、太陽の高さは時刻によって変わります。その中で、太陽が空の一番高いところに見える時刻（「南中時刻」といいます）が、その土地の正午と決められてきました。

日本とイギリスで9時間の時差があるということは（イギリスは日本の9時間前の時刻だということは）、日本で正午になった（太陽が一番高いところに見えた）ときから9時間後に、イギリスは正午になる、ということです。この時差と、地球が1時間に15度の速さで自転するということを合わせると、今いる場所が東西方向でどのあたりなのかを知ることができます。

地球上の位置は、南北を「緯度」、東西を「経度」によって表すことができます（図1）。緯度は、赤道から北極の向き（あるいは南極の向き）に、地球の中心から何度はなれているかで決まります（「北緯何度」あるいは「南緯何度」と表します）。経度は、イギリスにあるグリニッジ天文台の場所を経度0度（本初子午線）と決めて、そこから東に180度までを「東経」、西に180度までを「西経」と分けたものです（図2）。

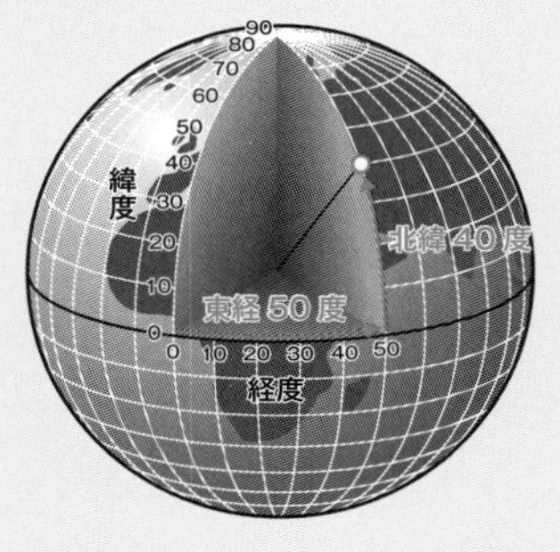

図１　緯度と経度。経度０度の線はイギリスを通っています。

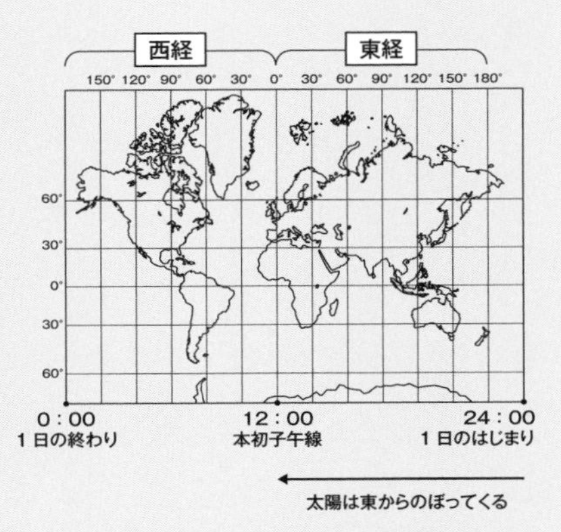

図２　東経と西経。日本は東経135度のあたりにあります。

日本の経度は何度でしょう。時差から考えてみましょう。日本が正午のとき、イギリスでは午前３時で、時差は９時間です。地球は1時間に15度、自転するので、日本はイギリスから経度では135度（15度×９時間）はなれているとわかります（日本はイギリスよりも東側にあるので、東経135度と表されます）。ちなみに、兵庫県明石市がちょうどこの東経135度の位置にあるので、日本国内の時刻はすべて兵庫県明石市の時刻と同じものを使っています（この経度を日本の「標準時子午線」といいます）。

これと同じように時差を使えば、日本でなくてもどこでも、その場の経度を調べることができますね。今いる場所の正午（太陽が一番高く上る時刻）が、イギリスの時間で何時なのかを知れば、その場所の経度を計算することができるからです。昔の人は、海の船旅のとちゅう、今いる場所の時差から、その場所の経度を調べ、地図の上のどのあたりにいるのかを、たしかめました。目印が何もない海の上では、自分の位置をたしかめることは命にかかわる大事なことだったのです。しかし、時差から東西の位置を考える方法はわかっても、正しい時刻を教えてくれる時計がまだありませんでした。その当時使われていた、振り子時計は、大きくゆれる船の上では使えなかったのです。さまざまな人が発明にチャレンジする中、ついに船の上でも使える、正しい時間を教えてくれる時計「マリンクロノメーター」が発明されました。作ったのは、イギリスの時計職人ジョン・ハリソンです。この時計は、81日間の船旅のあいだに、５秒しかずれなかったと言われています。

今では、経度と緯度は、全地球測位システム（ＧＰＳ）などの人工衛星からの電波をスマートフォンなどで受信して、かんたんに調べることができます。

考える力がつく

理科なぞぺ〜

1 にじはどこに見える？

雨のあとに見えるにじ。にじは、太陽の光が、空中の小さな水のつぶの中を通って、さまざまな色の光に分かれることで見えます。ですから、雨があがって急に晴れて、まだ空中に雨のつぶが残っているとき、にじが見えやすいのです。

さて、にじが見える方向は、決まっていることを知っていますか？　にじはどの方向にできるでしょうか？

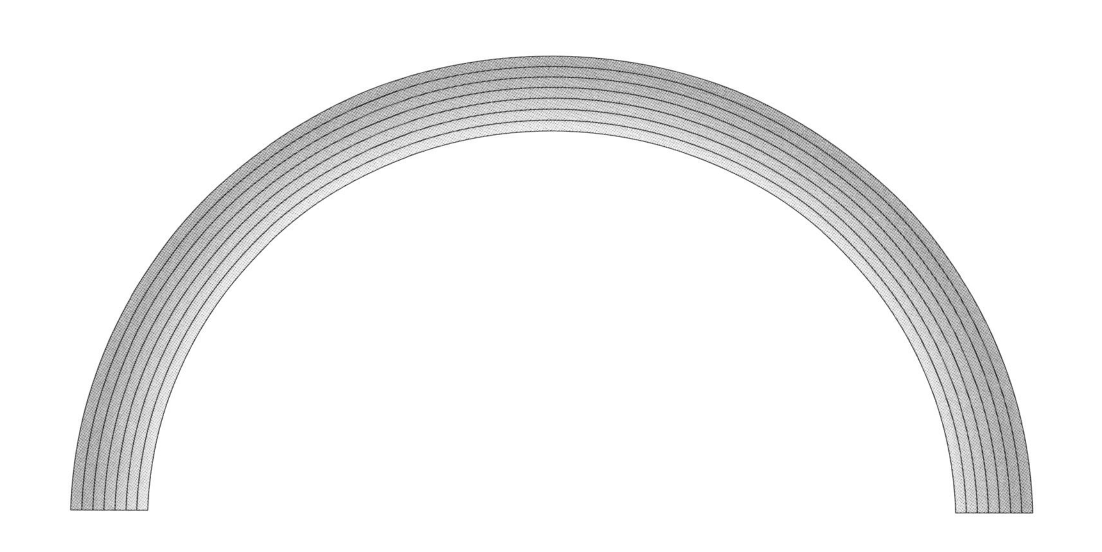

1 にじはどこに見える？

答え

太陽の反対の空にできる

にじは、太陽の光が水のつぶの中ではね返ったときに見ることができます。そのため、にじは太陽の反対側に出ます。

ではなぜ、色が分かれて見えるのでしょう。太陽の光には、さまざまな色の光がまざっています。光は、水やガラスの中に入るときや、出るときに、進む向きが折れ曲がります（屈折といいます）。この折れ曲がり方は光の色によって少しずつちがいます。大きく曲がるのは青やむらさきの光、曲がり方が小さいのは赤の光と決まっています。図1のように、空中の水のつぶに光が入ると、色によって少しずつずれて折れ曲がります。このため、図2のように空の上の方にある水のつぶからは赤が、空の下の方にある水のつぶからはむらさきが、人の目にとどきます。こうして、にじは上から、赤、だいだい、黄、緑、青、あい色、むらさきという順番に見えるのです。

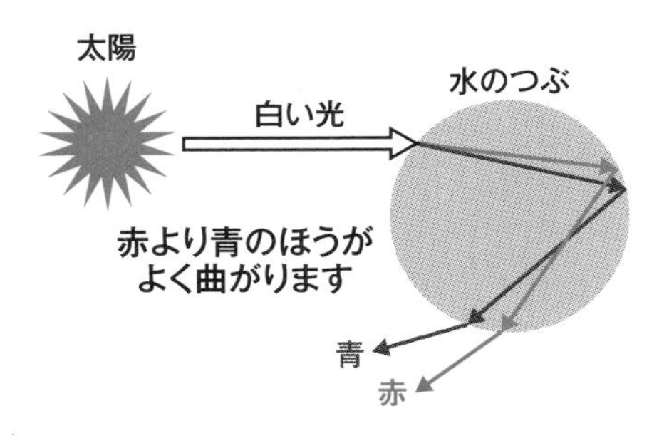

図1

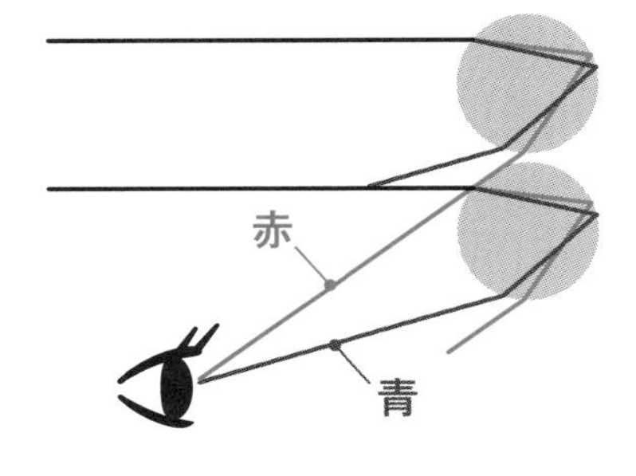

図2

2 赤い海のひみつ

オーストラリアのタスマニア島には「赤い海」があります。一番深くて水面から5mぐらいまで赤いのに、その下は赤くないという不思議な海です。この「赤色」は、川の上流に生えている植物から出たものです。赤い川の水が海に流れ込んでくるものの、下の図のように海の水とまざらないため、海は河口からかなり遠くまで赤くなっているのです。なぜ、川の水は海の水となかなかまざらないのでしょうか。

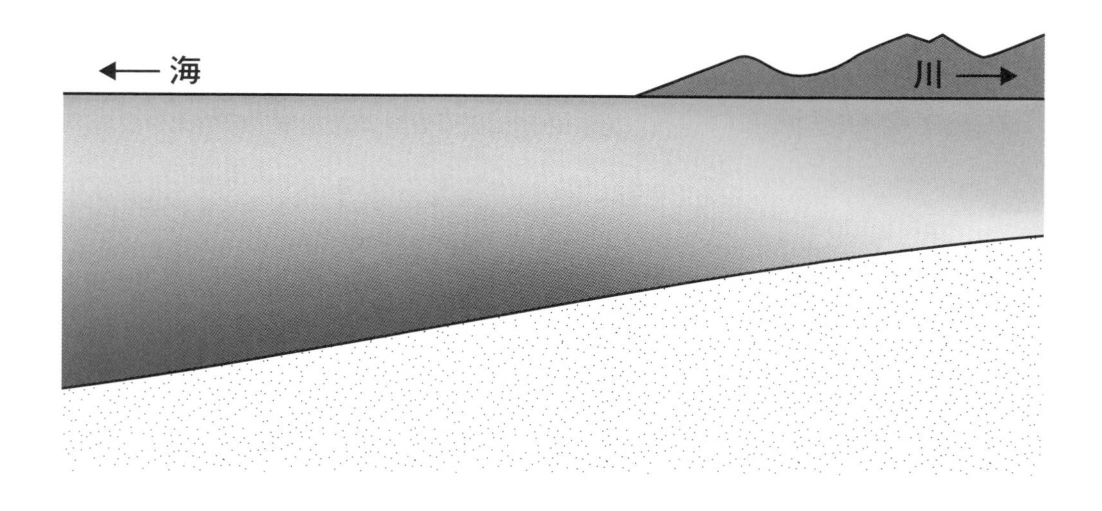

2 赤い海のひみつ　答え

川の水と海の水は重さがちがうから

川と海がまじる河口近くを「汽水域」といいます。川の水（淡水）と海水がまざった場所、といえばわかりやすいですが、じつは川の水と海の水はなかなかまざりません。海の水は、塩がとけているので川の水より重くなっています。そのため、重い海の水の上に、軽い川の水が乗っかって、分かれてしまうため、まざりにくいのです。タスマニアでは上にある川の水が赤くそまっているので、くっきりと川の水と海の水が分かれていることが見えたわけです。

多くの河口近くの汽水域は、川の生き物と海の生き物の両方が住んでいます。そのため、生き物の種類も数も、とても多い場所です。

タスマニアの赤い海と同じような2色の水を、家でも作ることができます。コップの下にこい塩水を入れて、その上に、「食べに（しょくべに）」などで赤く色づけた水道水を、そっとそそいでみましょう。

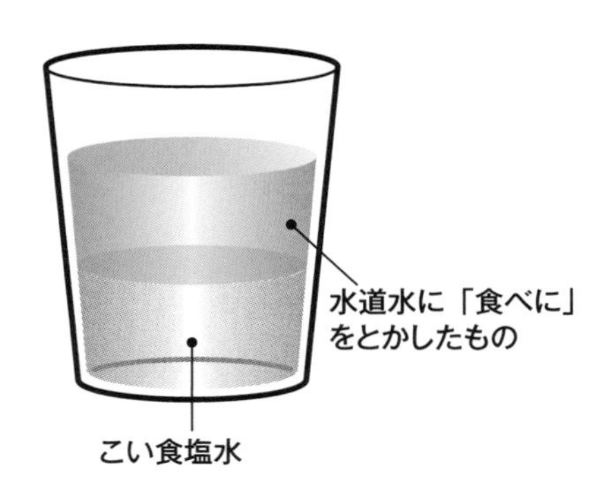

3 夏の星座物語

夏の夜空に見える、有名な３つの明るい星を三角形につないだものを、「夏の大三角」といいます。このうち２つが七夕伝説のおりひめとひこぼしを表す星です。ヒントをもとに、図の中から夏の大三角をさがしてみましょう。

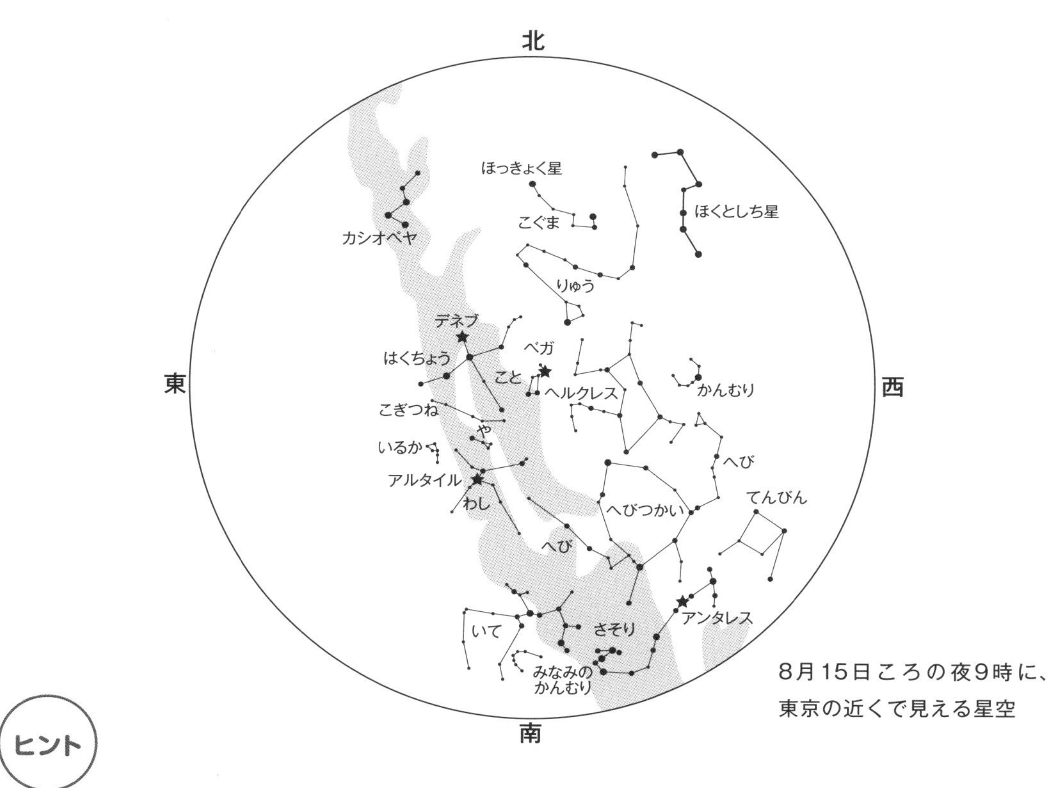

ヒント

1. おりひめの星は、こと座の「ベガ」とよばれる星で、天の川の西側にいます。
2. ひこぼしの星は、わし座の「アルタイル」とよばれる星で、天の川の東側にいます。
3. 夏の大三角の１つ、「デネブ」は、はくちょう座の星で、天の川の中にあります。

3 夏の星座物語

答え

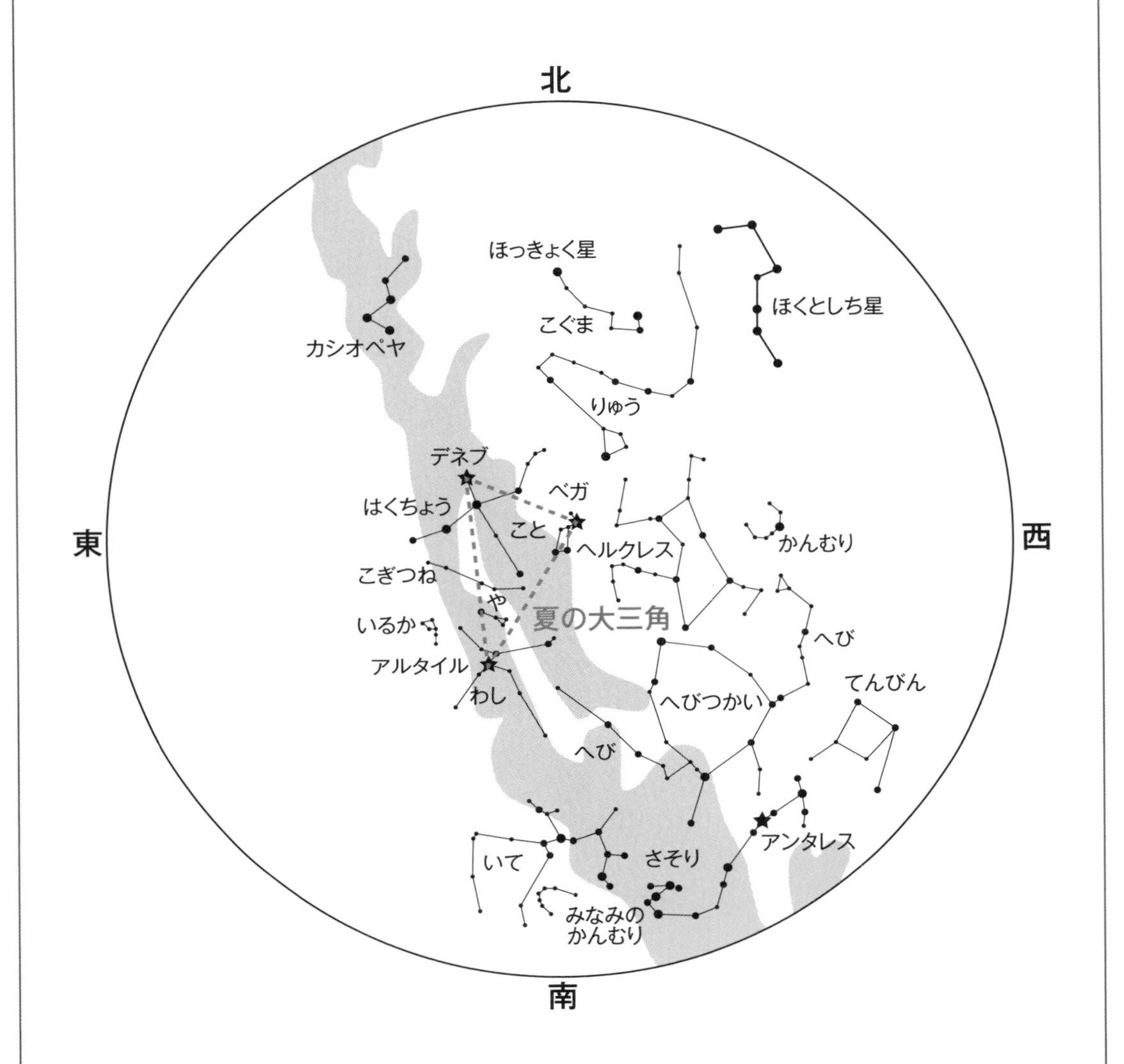

天の川は、恒星という、自分で光を出す星がたくさん集まったものです。

夜空にかがやいて見える星や星座にはそれぞれ名前がつけられて、昔から人々が語りついできた物語に登場するものもあります。星や星座の物語を、調べてみましょう。

4 月の大きさは同じ？

ある日の夕方、大きな満月が東の低い空に見えました。満月はだんだん空高くのぼっていき、それとともに、だんだん小さくなったように見えました。

しかし、これは錯覚（まちがって見えたり、感じたりすること）で、本当は月の大きさは変わっていません。

どうすれば、低いところの月と高いところの月の大きさが同じことを、たしかめられるでしょうか。

4 月の大きさは同じ？

答え

5円玉、50円玉を持って手をのばし、あなから月を見る

満月のときに、うでをのばして5円玉のあなから月をのぞくと、月が低いところにあっても、高いところにあっても、だいたい5円玉のあなにぴったりと月がおさまり、同じ大きさだとわかります。

同じ日に見える月の大きさは、本当は同じ大きさなのに、低いところにある月は大きく感じられ、だんだん空高くのぼっていくにつれて、小さくなるように感じられます。これは「月の錯視」とよばれていて、1000年以上も昔から、いろいろな理由が考えられてきました。それでもまだ、なぜこのような錯覚が起こるのか、よくわかっていません。

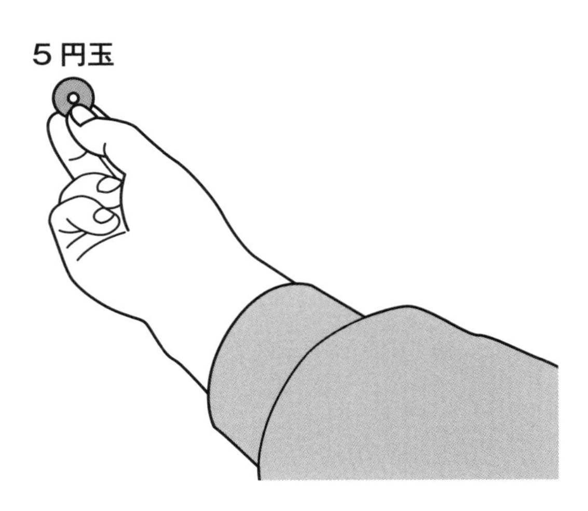

5 宇宙ろうそく

地球上でろうそくに火をつけると、ほのおは図のようになります。この形、じつは空気の流れが作っています。同じろうそくを使って、宇宙にある宇宙ステーションで火をともすと、ほのおの形が変わることを知っていますか？

どんな形になるか、四角の中のろうそくに書きこんでみましょう。

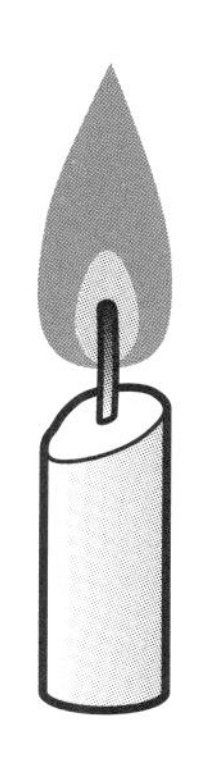

5 宇宙ろうそく　答え

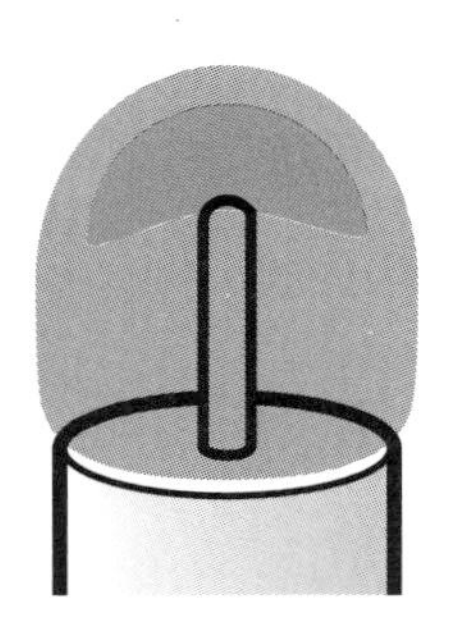

宇宙ステーションのろうそくのほのお。
たてに長くならなずに、丸っこい形になります。

宇宙ステーション内は「無重力状態」です。つまり、「重い、軽い」という「重さ」がなくなります。

地球上でほのおの形を作っているのは、空気の流れです。ほのおで温められた空気は軽くなるので、上へ動きます。上に動く空気の流れのせいで、ほのおは上に引きのばされ、たてに細長い形になります。

しかし、宇宙ステーションでは空気が重い、軽いということがないので、温められた空気は決まった流れを作りません。そのため、ほのおが細長くならないのです。

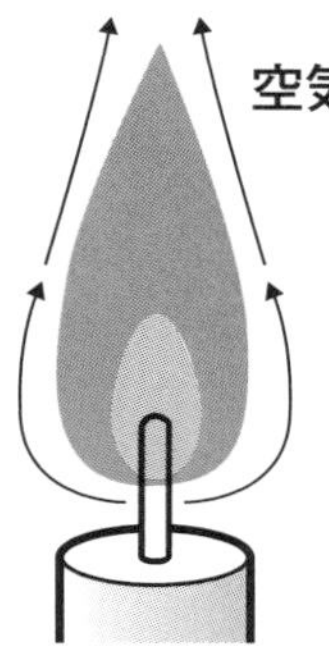

地球上のろうそくのほのお。
空気の流れのせいで、ほのおは細長い形になります。

6 ちがうプラスチック？

ペットボトルのラベルを見てみると、「PET（ボトル）」、「プラ（キャップ、ラベル）」と書かれたマークがあります。これは、ペットボトル本体と、フタやラベルが、ちがう材料でできているからです。ペットボトル本体は「ポリエチレンテレフタレート」、フタは「ポリエチレン」や「ポリプロピレン」などでできています。

なぜ本体とフタを、わざわざ別の材料で作るのでしょうか。理由を考えてみましょう。

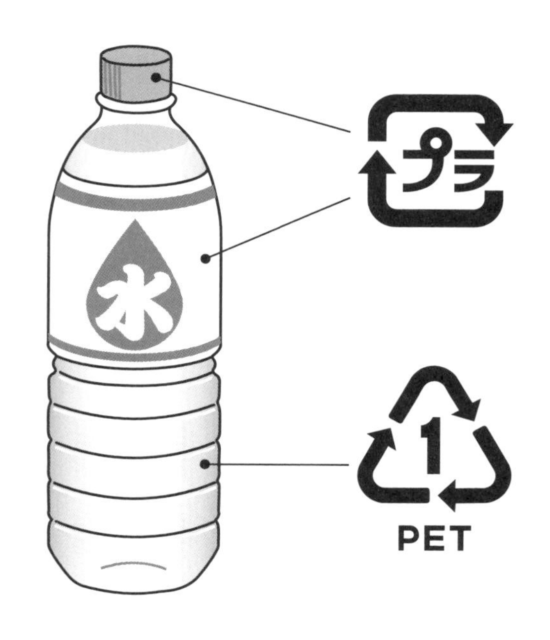

6 ちがうプラスチック？

答え

中身がこぼれないようにしっかりとフタをしめるため

ペットボトルに使われているポリエチレンテレフタート（PET）は、軽くてじょうぶなので、世界中で使われています。PETはリサイクル（使いおわったものを集め、それで別のものを作ること）がしやすい材料です。日本では、積極的にPETのリサイクルにつとめています。

それなら、なぜわざわざフタにはポリエチレン（ＰＥ）やポリプロピレン（ＰＰ）を使うのでしょう。それは、しっかりとフタをしめ、中身がこぼれないようにするためです。

ＰＥやＰＰのフタはやわらかいので、しめるとペットボトルの形にぴったり合うように少し変形して、すき間ができなくなります。もしキャップもPETでできていると、固くてぴったり合わないので、中身がもれてしまうのです。

PETもＰＥもＰＰも、もとは石油から作られる「プラスチック」の仲間です。ほかにもさまざまなプラスチックがあります。どんなものがあるかさがしてみましょう。

7 カタチを変えればうく？

ねん土のかたまりがあります。このかたまりのまま、水に入れるとしずんでしまいます。でも、形をうまく工夫してあげれば、なんと、水にうかべることができます！

どんな形にすればいいか、考えてみましょう。

7 カタチを変えればうく？

答え

箱や船のような形にして、うかべる

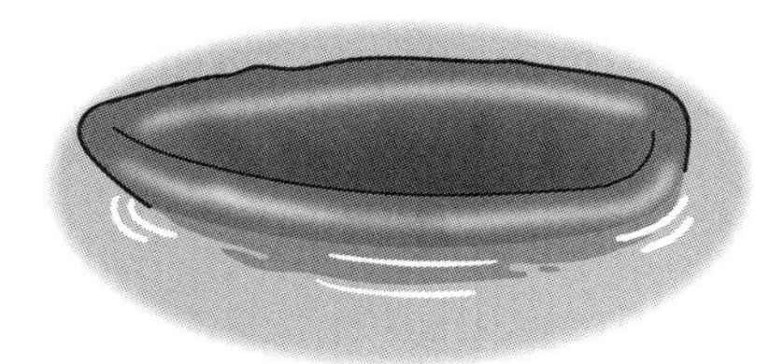

ものを水に入れると、「浮力」という、うく力がかかります。浮力の大きさは、ものがおしのけた水の重さと同じです。例えば、下の図のような同じ大きさの2種類の鉄の球を用意し、水の中に入れます。すると、しずむのは中身がつまった方だけです。中身のない鉄の球の重さは、その球がおしのけた水の重さより軽いです。このため、うく力の方がしずむ力より大きくなり、中身のない鉄の球はうくのです。

かたまりのままではしずんでしまうねん土も、内側をくぼませて箱や船の形にするとうきます。本当にそうなるか、ためしてみましょう。

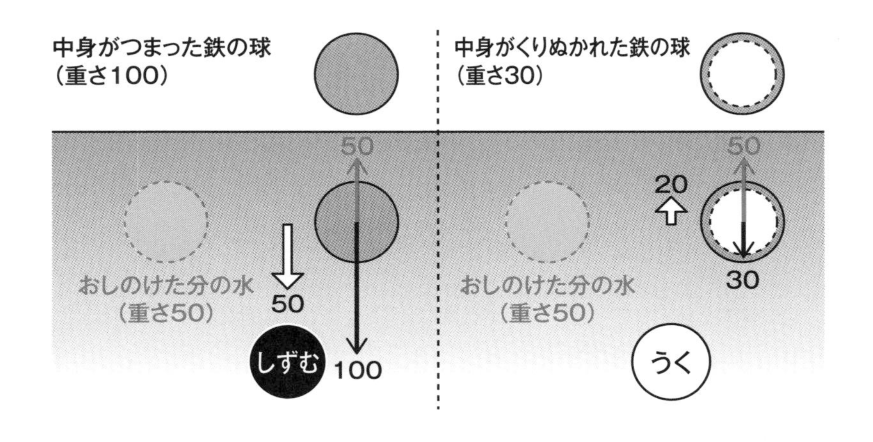

8 目玉もようの理由

アゲハの幼虫には、大きな目玉もようがあります。これは、鳥にねらわれたとき、大きな生き物のように見せて、食べられないようにしていると考えられています。

チョウの中には、下の図のように小さな目玉もようをたくさん持つものがいます。これも鳥に食べられないための工夫といわれていますが、どのようにして鳥から身を守っているのでしょうか。

羽に小さな目玉もようがたくさんある、クロヒカゲというチョウ。

動物

8 目玉もようの理由

答え

羽の先の方に頭があるとかんちがいをさせ、身を守っている。

鳥たちは、目がどこにあるかで、頭がどこにあるかを予想していると考えられています。

羽の外側に小さな目のもようをつけておけば、鳥は本当の頭ではなく、目玉もようの方をめがけておそってきます。その場合、羽は少しちぎれてしまうかもしれませんが、チョウはにげることができるのです。

ところで、下のクロヒカゲの図をよく見ると、足がかた側に２本しかありません。チョウは昆虫なので、足はかた側に３本、合計６本のはずです。しかし、クロヒカゲの仲間は、そのうち２本の足がとても小さくなっていて、ふだんは折りたたまれて見えないのです。

羽の外側がちぎれているクロヒカゲ。

9 青魚の青と白の理由

サバやイワシ、サンマなどの魚は「青魚」とよばれています。せなか側が青いことから、このようによばれますが、おなか側は白いことが多いです。この青と白は、それぞれ魚が自分の身を守るための色なのです。青魚は何から身を守っているのでしょう。

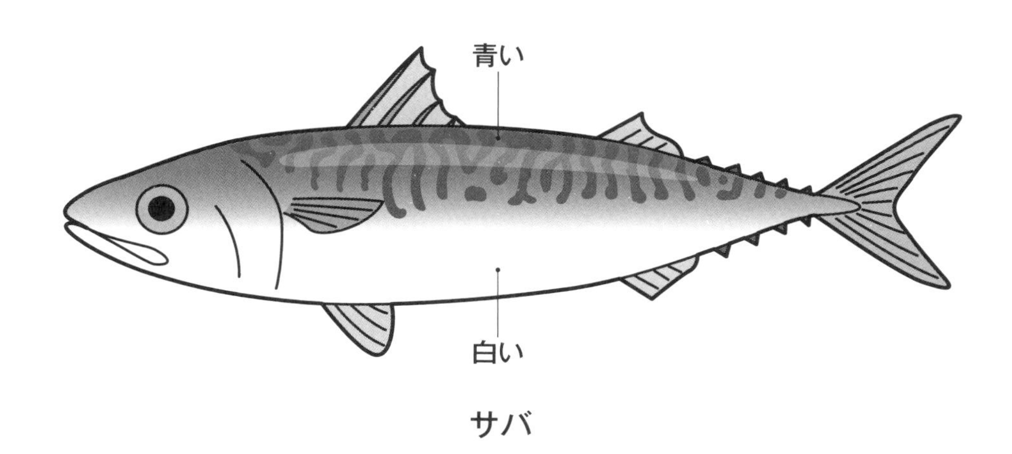

サバ

動物 生活

9 青魚の青と白の理由

答え

せなかの青…空から見た海面と同じ色。空にいる鳥に見つかりにくい。

おなかの白…海の深くから上を見たときの光と同じ色。海の深くから見上げたときに魚が見えなくなるので、海の中の肉食動物に見つかりにくい。

例えば、カレイやヒラメの体は、海の底のすなと同じようなもようをしています。これは「保護色」というもので、まわりの景色の中にかくれて、自分の身を守ったり、エサとなるほかの生き物をまちぶせたりするために使われます。

空を飛ぶ鳥から見ると、海面の青い色とサバのせなかの色は同じように見えて、さがしづらくなります。海の中にいる大きな魚が、深いところからサバを見上げたときには、海面からさしこむ太陽の白っぽい光とサバのおなかの色は同じように見えて、さがしづらくなります。サバの体の青と白の色は、空からも、海の中からも、見えにくくする保護色で、身を守るための色なのです。

10 電気を感じる生き物たち

人間をふくめた動物は、体を動かすとき、まわりに弱い電気を発しています。

サメやエイなどの魚の一部や、水にもぐるほ乳類のカモノハシなどは、ほかの動物が発するこの弱い電気を、感じ取ることができます。

この電気を感じられると、どんな役に立つのでしょう。

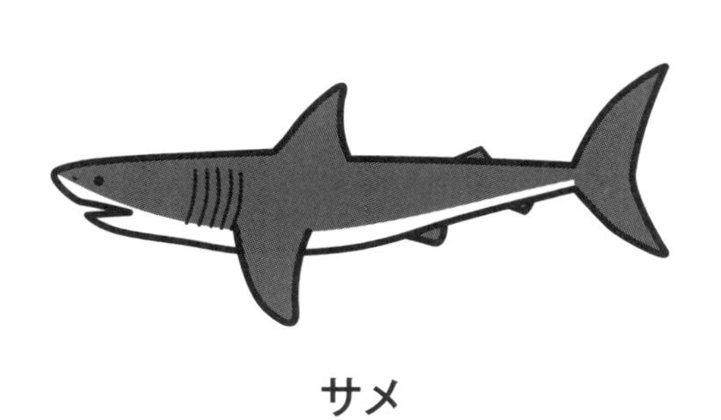

サメ

カモノハシ

10 電気を感じる生き物たち

答え

エサになるほかの動物をさがすのに役立つ。暗い夜や、にごって見えにくい水中でも、エサがいる場所を知ることできる。

サメやエイはいずれも肉食で、生きたほかの動物を食べます。まわりにいる動物が発する弱い電気を感じ取ることで、生きているエサを見つけて食べることができるのです。ほ乳類のカモノハシも同じで、にごった水の中でも、エサになる動物が出す弱い電気を感じ取ってつかまえることができます。

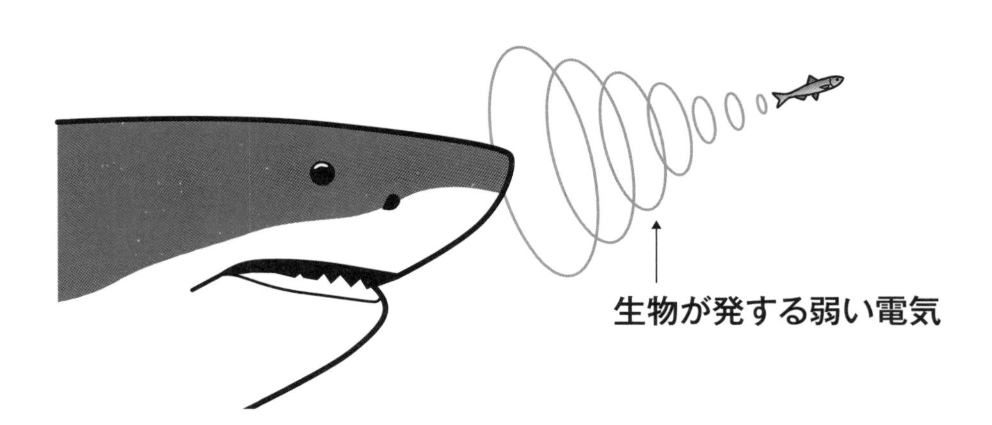

サメには鼻先に電気を感じるセンサーがあって、
まわりにいる魚などの場所がわかるといわれています。

11 2つの目で見える世界②

肉食動物の目が顔の正面についているのは、エサになる動物までのきょりが、よくわかるからでしたね。

サルの目も正面にあって、見えるものまでのきょりがよくわかります。でもサルは肉食動物ではなく、肉食動物と草食動物の中間、「雑食動物」です。ほかの動物を食べることもあるし、植物を食べることもあります。

きょりがよくわかるようにサルの目が正面にあるのは、肉食動物とは別の理由からと考えられています。それはいったい何でしょうか。

11 2つの目で見える世界②

答え

木にのぼり、別の木へと飛びうつって動くときに、きょりがわかる必要があったから。

木の上でくらすようになったサルの祖先は、なるべく地上におりないで、木から木へと飛びうつりました。地上には多くの肉食動物がいたからです。そのため、飛びうつる先の木がどのくらいはなれているのかがよくわかるよう、目が顔の正面にある必要があったのです。その後、地上でくらすようになったサルもいますが、顔のつくりは大きく変わらないままでした。人間の目が顔の正面にあるのも、サルの仲間から進化したからです。

ところで、木の上でくらすサルは、バランスをとるためにしっぽが長いことが多いです。地上でくらすサルのしっぽは短いことが多いようです。

ワオキツネザル

ニホンザル

12 とける・とける・とける

次のA～Bでは、同じ「とける」という言葉を使っていても、意味がちがいます。

A

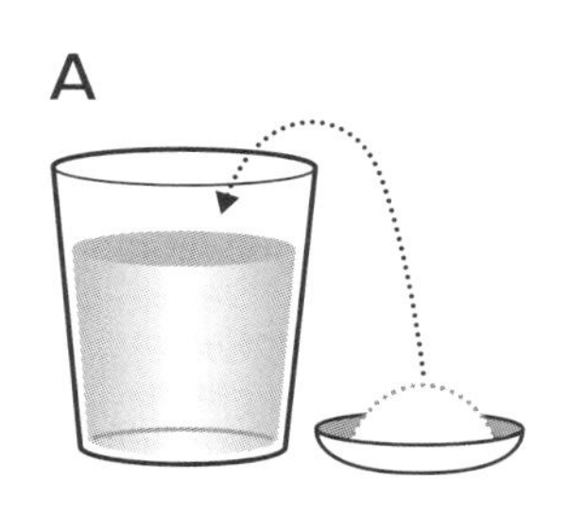

食塩（しょくえん）を
水に入れるととける

B

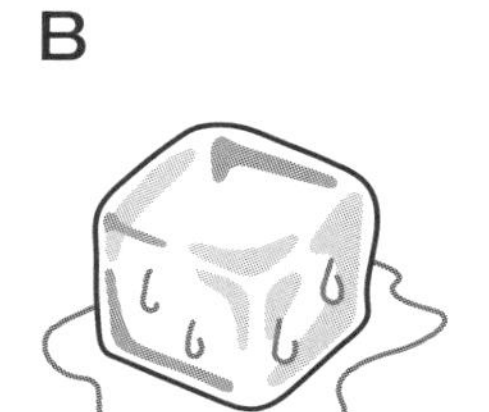

氷を冷とう庫から
出しておくととける

C

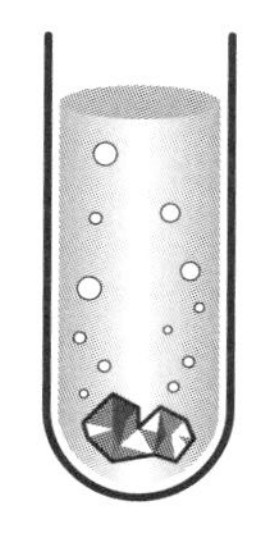

アルミニウムを塩酸（えんさん）
に入れるととける

では、以下の１～４の「とける」は、上のA～Cのうちのどの「とける」と同じ意味でしょうか。

1 ろうそくに火をつけると、
ほのおに近いところのロウがとけた。

2 お酢に、たまごのからを入れておいたらとけた。

3 バターを熱いフライパンにのせるととけた。

4 炭酸水には、二酸化炭素がとけている。

12 とける・とける・とける

答え

1 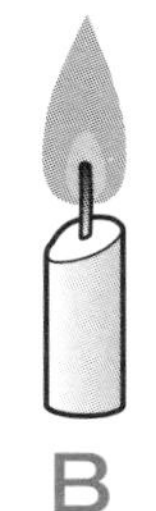

B

2 

C

3 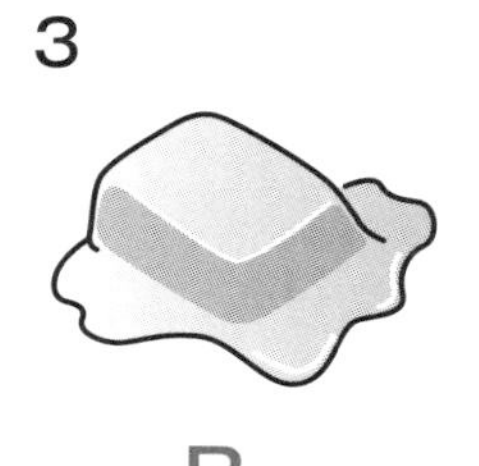

B

4 

A

A～Cの「とける」の意味は、次のようなものです。
Aは液体にとける（まざって見えなくなる）こと
Bは固体が液体になること
Cは物質が別の物質になること（化学反応を起こした）

「溶ける（液体にとける）」「融ける（固体が液体になる）」など、別の漢字で表されることもあります。意味を知った上で使い分けをすると、これまで知らなかった何かに気づけるかもしれませんね。

13 見えない「何か」の発見

ドイツのヴィルヘルム博士はある日、不思議な発見をしました。部屋を暗くして、黒い紙で完全におおったガラス管の中に電気を流したところ、はなれたところにあった「蛍光板」が光ったのです。何が蛍光板を光らせたのでしょう。ヒントをもとに考えてみましょう。

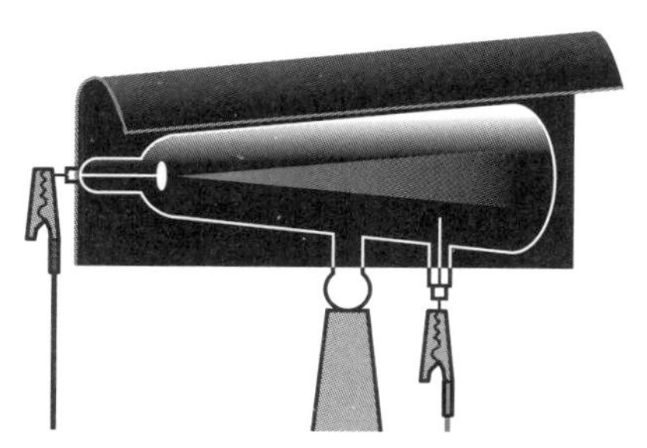

ガラス管に電気を流すと光る。そこに黒い紙をまいて光がもれないようにした。

暗い部屋の中で、2m はなれたところにあった蛍光板だけが光った。

・蛍光板は蛍光灯に使われている物質をぬった板です。太陽の光や、紫外線などが当たると光ります。

・ガラス管と蛍光板の間を、1000ページのあつさの本でさえぎっても光りました。

・1.5mmのあつさの鉄板でさえぎると、ほとんど光りませんでした。

13 見えない「何か」の発見　　答え

X線

病院でほねなどの写真をとる「レントゲンけんさ」に使われるのがX線です。「レントゲン」はX線を発見した人の名前です。ドイツのヴィルヘルム博士……ヴィルヘルム・コンラート・レントゲン博士がその人です。発見したのは1895年のことでした。遠くにある蛍光板を光らせる未知のものを、レントゲンは数学で未知の数を表す「X」という文字を使い、X線と名づけました。

蛍光板の前に手を置くと、蛍光板の上に手のほねや指輪のかげが見えました。蛍光板のかわりに「写真乾板」という、昔、写真をとるのに使われていたものを置くと、その写真もとれました(下の写真)。このように体の中のほねのようすが見えるため、医学の進歩にも大きく役立ちました。レントゲン博士は第1回ノーベル物理学賞を受賞しています。

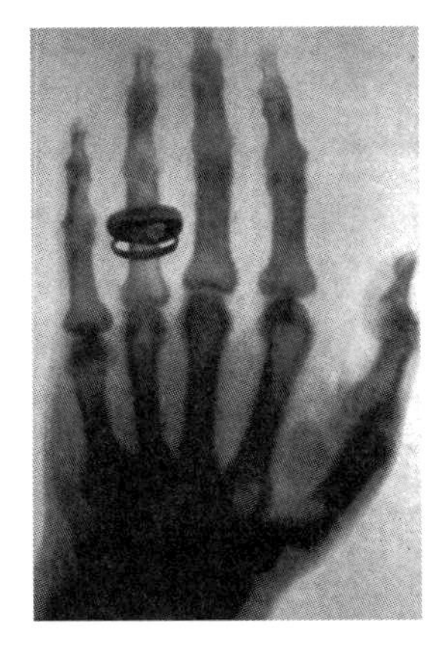

手のほねのX線写真。レントゲン博士が1896年にとったもの。

14 方位磁針のふしぎ

磁石をはっぽうスチロールの上にのせて水にうかべると、N極が北を、S極が南を指すように動きます。このことを利用して作られたのが方位磁針で、昔はこれで南北の方角を調べました。では、どうして磁石のN極は北を向き、S極は南を指すのでしょうか。

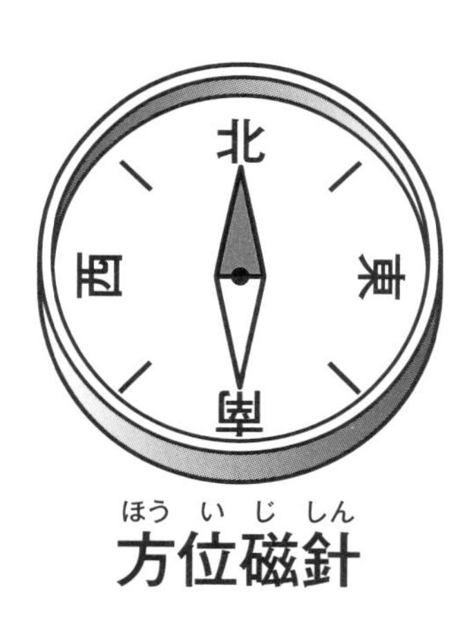

方位磁針

水にうかべた磁石も
N極が北を指す

14 方位磁針のふしぎ

答え

地球の中には大きな磁石があって、北極側がＳ極、南極側がＮ極だから

地球は大きな磁石を持っています。磁石は、Ｎ極とＳ極が引き合いますね。磁石のＮ極は北極の方にある「Ｓ極」と引きつけあうため、磁石のＮ極は北を向きます。ですが、磁石のＮ極が指す方向は、本当の北極の方向からは、少しずれています（下の図）。それだけでなく、この磁石が指す方向は、少しずつ動いています。つまり、地球の中にある磁石は、少しずつ向きを変えているのです。

地球の中の磁石は、大昔から向きを変え続けてきました。大昔にできた岩の中にある磁石は、その岩ができたときの地球の磁石の向きにしたがって、Ｎ極とＳ極を向けて固まっています。そのため古い岩を調べると、大昔の地球の磁石のことがわかるのです。

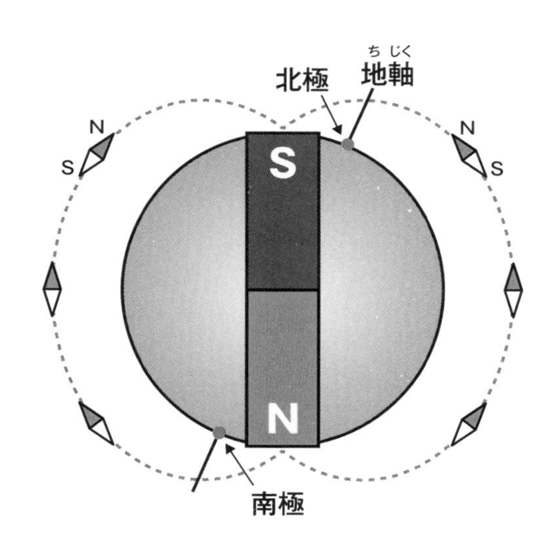

15 かつおぶし作りのひみつ

かつおぶしは、とても固い食べ物で、けずるのに「かんな」が使われるほどです。なぜそんなに固いのでしょう。それは、食品をくさらせる「微生物」が生きていけないよう、かわかしているからです。

生のカツオをお湯でにたあと、火やけむりを使っていぶし、太陽の光でかわかします。これだけでは、まだかつおぶしは完成しません。中の水分をギリギリまでなくし、おいしいかつおぶしを作るには、「あるもの」の力をかりる必要があります。それは何でしょうか？

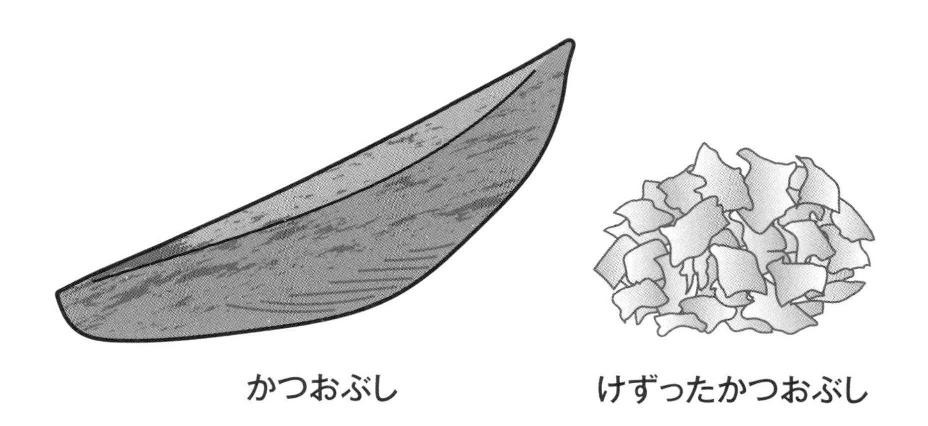

かつおぶし　　けずったかつおぶし

15 かつおぶし作りのひみつ

答え

（人が食べても安全な種類の）カビ

太陽の光でかわかしたあと、人が食べても安全だとわかっているカビをつけます。すると中の水分をギリギリまで吸い出し、食品をくさらせる悪い微生物が生きていけないようにします。このカビには、かつおぶしをよりおいしくする役わりもあります。

かつおぶしのように、人間の役に立つカビや細菌などの微生物を使って作る食べ物を、「発酵食品」といいます。ほかにも、図のような発酵食品があります。

発酵食品のいろいろ。人間にとって役に立つ微生物のはたらきを「発酵（はっこう）」といいます。人間にとって悪い微生物のはたらきは「腐敗（ふはい）」（くさること）といいます。

16 発明のタネになった種

スイスのジョルジュ・デ・メストラルはある日、かっている犬の体に野生のゴボウの実がたくさんついているのに気がつきました。ゴボウの実の表面にはたくさんの小さな「かぎばり」がついていて、これが犬の毛にからまっていたのです。これを見てひらめいたジョルジュは、その後ある発明品を作り上げました。それは何でしょう？

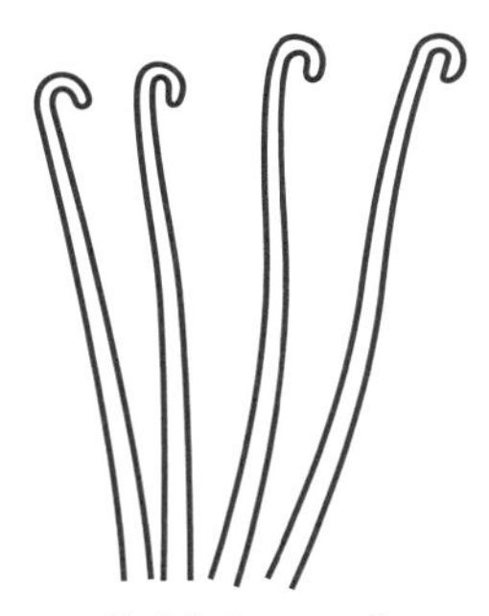

野生のゴボウの実のトゲ

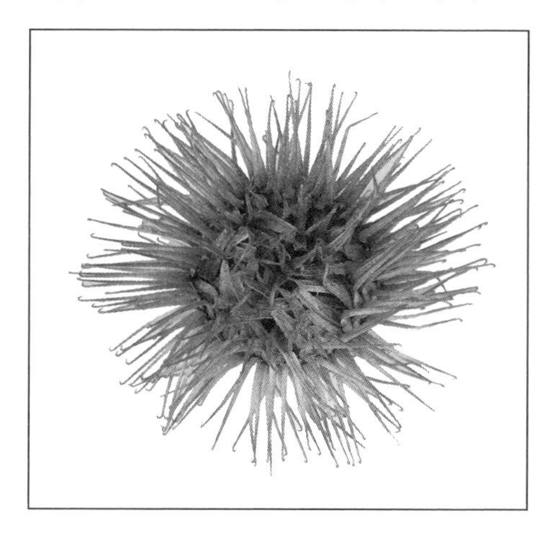

発明品

発明・発見　植物　生活

16 発明のタネになった種　答え

面ファスナー（「ベルクロ」とも「マジックテープ」ともよばれるもの）

のりがついているわけでもないのに、ぴたっとくっつく。しかも、引っぱれば、かんたんにはがすことができる。そんな便利な面ファスナーをよく見てみると、かたほうは細かいフックになっています。そして、もうかたほうは輪っかがたくさんついています。この細かいフックは、ゴボウの実をヒントに作られたといわれています。「ひっつきむし」とよばれるオナモミの実にも、同じように小さなフックがあって、服や動物の毛に引っかかります。

ほかにも、動物や植物の形をヒントにして発明されたものはたくさんあります。身の回りにないか、さがしてみましょう。

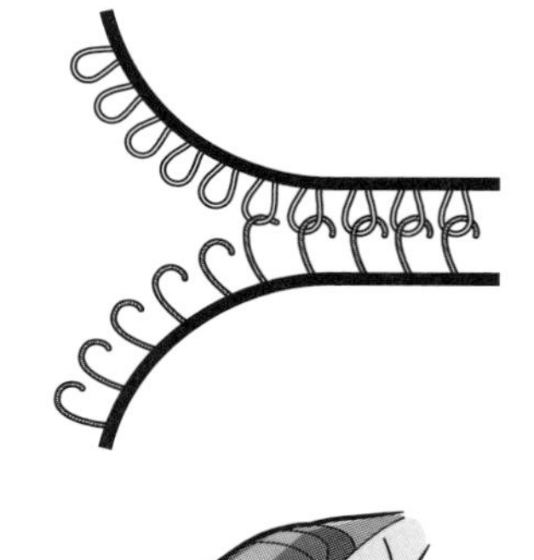

面ファスナーはフックと輪っかが引っかかって、くっつきます。

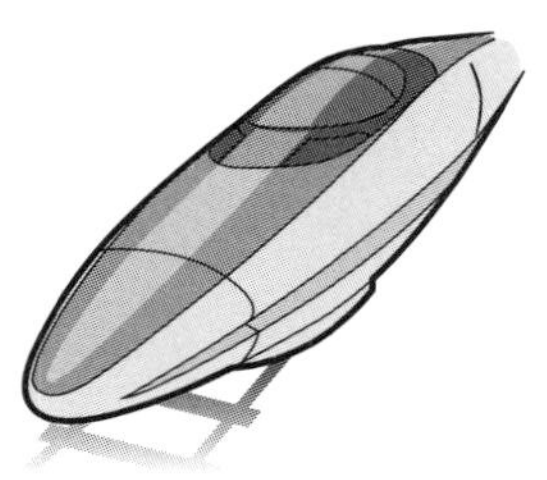

500系新幹線の先頭車両の形は、トンネルに入るときに出る音を小さくするため、いきおいよく水に飛び込んでも平気なカワセミのくちばしの形をまねして作られました。

17 地球儀がななめな理由

地球儀はなぜかたむいているのでしょう。地球は太陽のまわりを1年かけて回ります。これを「公転」といいます（下の図）。北極と南極を結ぶ直線（地軸）は、この公転の面に対し、かたむいています。地球儀のかたむきはこれを表しているのです。

では、もしこのかたむきがなかったら、地球にどんな変化が起こるでしょうか？　図を見ながら考えてみましょう。

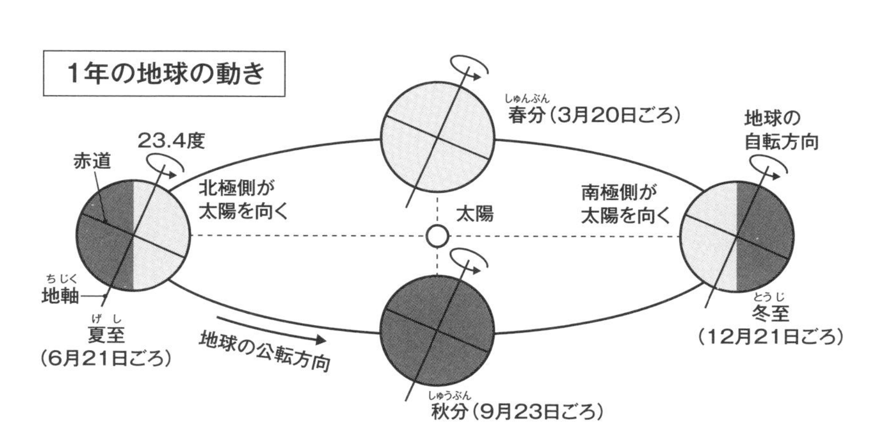

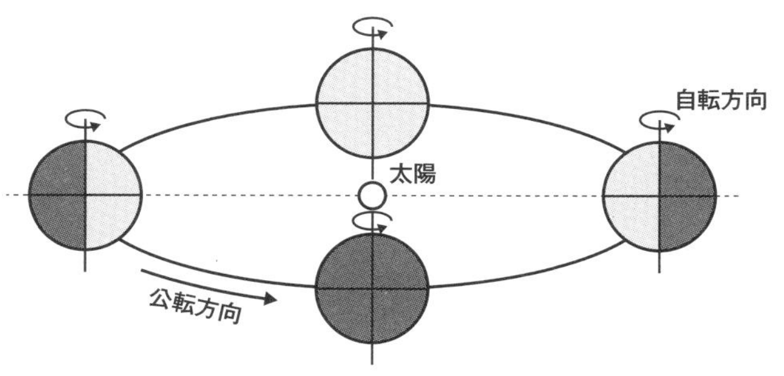

地軸のかたむきがない場合の地球と太陽の図

17 地球儀がななめな理由

答え

・1年中、季節が変わらなくなる

・1年中、太陽が南中（太陽が空の一番高いところに見えること）する高さが変わらなくなる

・1年中、日の出や日の入りの時刻が変わらなくなる

地球の地軸がかたむいているから、時期によって太陽の高さが変わり、太陽の光が当たる量や時間が変わります。そうすると、地温や気温に変化がある「季節」ができます。

日本では春夏秋冬という4つの季節がありますが、これも地軸のかたむきのおかげです。地球の地軸のかたむきは約23.4度。これが小さすぎても、大きすぎても、今のような季節の変化にはならないといわれています。

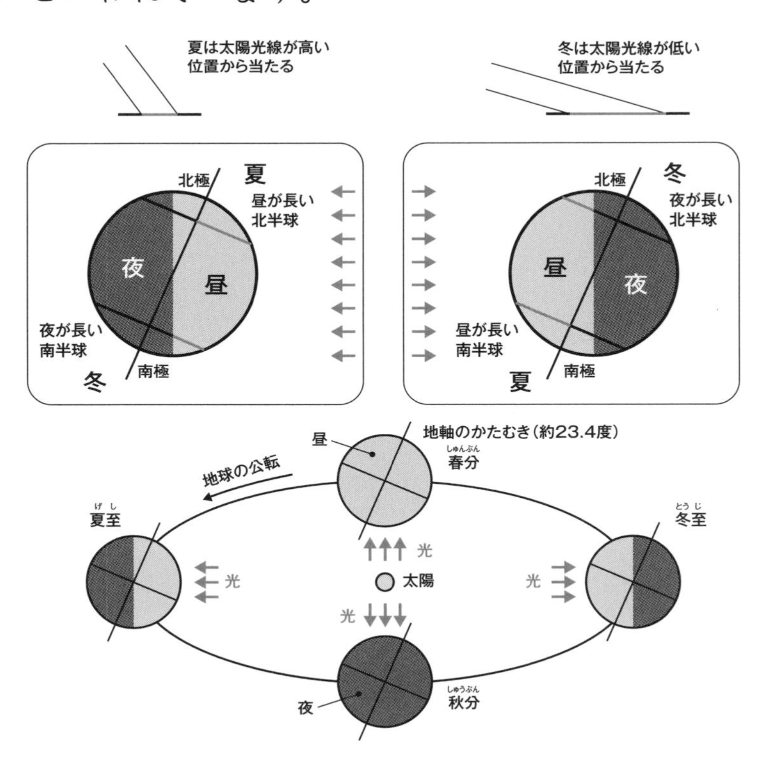

18 料理に使う電波

テレビやスマートフォンなどに「電波」が使われていることを知っていますか。じつは電波は料理にも使われています。電子レンジは、電波の一種の「マイクロ波」を使っているのです。マイクロ波が食べ物の中にある「あるもの」にはたらきかけ、温めるしくみを利用しているのですが、その「あるもの」とは何でしょう。ヒントを読んで考えましょう。

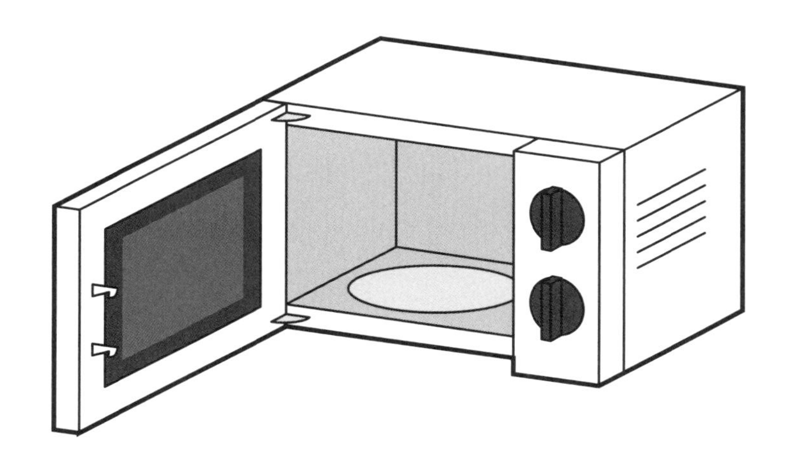

ヒント

ある寒い日、電子レンジでお皿にのせたあんパンを温めました。まわりのパンがほんのり温かくなったので電子レンジから取り出し、食べました。すると、中のあんこは熱くて口の中をやけどしてしまいました。そういえば、あんパンをのせたお皿のはじっこを持ったときはそんなに温かいと感じませんでした。

18 料理に使う電波

答え

水分（水分子）

マイクロ波は、もとは「レーダー」という、空を飛ぶ飛行機をさがす装置に使われていました。装置からマイクロ波を出すと、それが飛行機に当たってはね返ってくるので、飛行機の場所がわかるのです。第二次世界大戦中にレーダー装置の会社につとめていたパーシー・スペンサーは、マイクロ波が当たったチョコレートがとけたことから、マイクロ波が「ものを温める」ことに気づき、電子レンジを発明しました。

水は、「水分子」というものがたくさん集まってできています。マイクロ波は、この水分子を強くゆりうごかします。ゆらされた水分子どうしがぶつかり、熱を出すのです。これが、電子レンジのしくみです。そのため、電子レンジでは、水分の多いものは温まりやすく、少ないものは温まりにくいといった差が出ます。

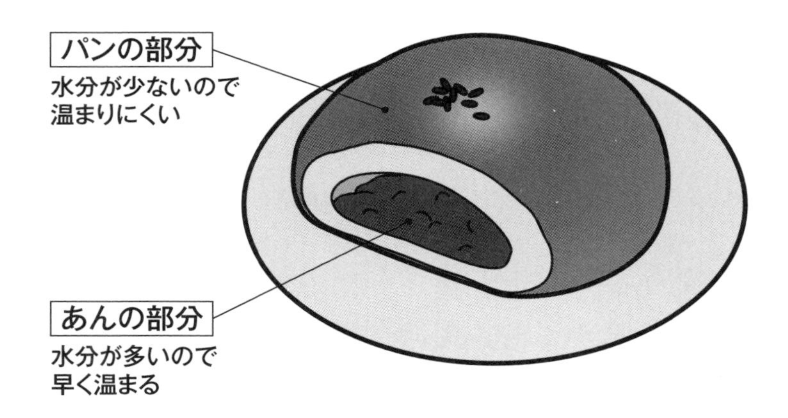

水分の多い「あん」は温まりやすいが、パンの部分はやや温まりづらい。
水分のないお皿は温かくならない。

19 使いすてカイロの話

使いすてカイロの中には、黒い土のようなものが入っています（下の写真）。パッケージにある原材料名を見ると、

鉄粉、水、バーミキュライト、活性炭、食塩

と書いてありました。使いすてカイロは、「この中のどれか」と、ここに書いてない「足りない何か」が反応して温かくなります。それは何でしょう。使いすてカイロに入っているものから１つ、足りない何かを１つ、答えてみましょう。

使いすてカイロの中には黒い土のようなものが入っています。

19 使いすてカイロの話

答え

使いすてカイロの原材料から ……鉄粉
足りない「何か」 ……酸素

鉄粉は鉄のこなのこと。使いすてカイロは、中にある「鉄」と空気中の「酸素」とで起こる「酸化」という化学反応によって熱を出します。鉄はふつう、何もしなくても酸素と反応して酸化します。ゆっくり酸化するときは「さびる」とよばれます。じつはさびるときも少しは熱が出ています。さびるのを早くすることで、使いすてカイロはちょうどいいくらいの熱を出すのです。外側のビニールぶくろをやぶり、中身が空気（酸素）にふれると温かくなりはじめます。

鉄はこなにしてあると酸素にふれやすくなるので、さびるのが早くなります。鉄以外の原材料もすべて、さびるのを早くするためのものです。水や食塩があると、鉄はさびやすくなります。バーミキュライトは、観葉植物用の土にも使われるもので、水をたくさんふくんでおくことができます。活性炭は、細かいあながたくさんある炭で、空気（酸素）をふくんでおくことができます。それぞれの役わりをまとめると、次のようになります。

・発熱に必要なもの：鉄と空気中の酸素
・発熱を早めるもの：水、食塩
・水をふくんでおくもの：バーミキュライト
・空気（酸素）ふくんでおくもの：活性炭

20 横の信号、たての信号

青、黄色、赤の順にならぶ信号機。多くの場合、横に3つならんでいます。ただ、雪が多い地方では、たてに3色ならんだ信号機がたくさんあります。いったい、なぜでしょうか。また、たてにならべたときの、信号の色の順番はどうなっているでしょうか。

雪があまりふらない
ところの信号機

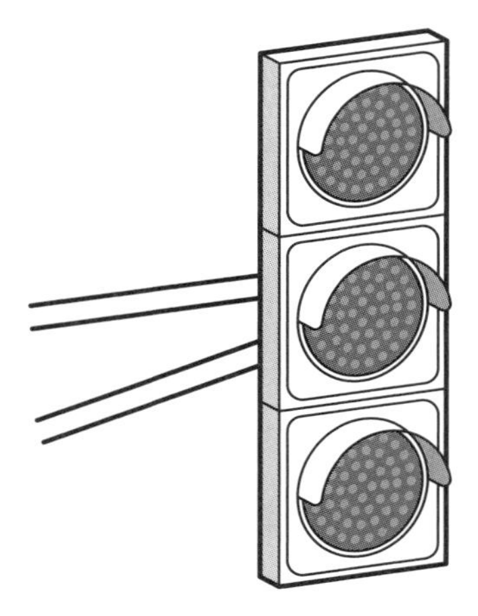

雪がたくさんふる
ところの信号機

生活 季節 気象

20 横の信号、たての信号

答え

雪の重さにたえられるようにするため。
上から順番に赤、黄、青とならぶ。

雪がたくさんふる、というのがヒントでした。横の形よりも、たての形の方が、信号機の上につもる雪の量は少なくなります。雪がつもりすぎると、その重さで信号機をささえている鉄柱が折れてしまうこともあったそうです。

また、一番上が赤になっているのは、もし、信号の高さまで雪がつもってしまっても、赤い信号だけは見えるように、という理由からです。

以前は、信号機に白熱電球が使われていたので、雪がつもっても、少しなら電球の熱でとけました。最近はLEDの信号になって熱が出ないので、雪がほとんどとけず、信号機に雪がつもりやすくなったそうです。そのため、うすくて雪がつもりにくい形の信号機も開発されています。

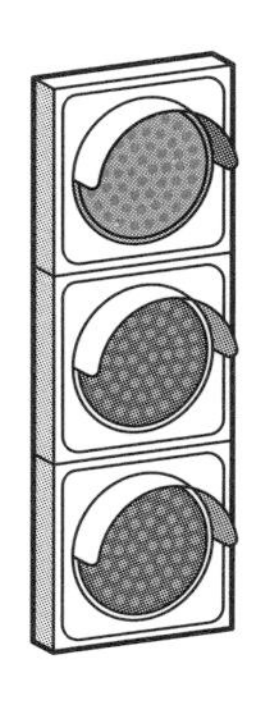

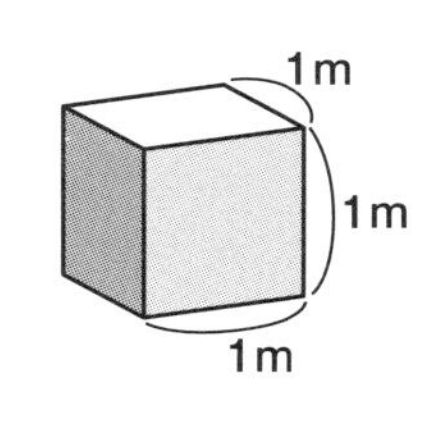

こんなに「重い」、雪の重さ！
1m × 1m × 1mの立方体の重さで考えると……？
ふったばかりの雪（新雪）：50〜150kg
ふったあとつもって固まった雪：250〜500kg

21 電気を多く使うのは？

テレビやパソコンなど、電気器具にはかならず「W（ワット）」という単位を使った数が書かれています。「○○W」と書かれたこの数は、どれだけの電気を使うのかという「電力」の大きさを表したものです。この数が大きいものほど、たくさん電気を使います。

図の電気器具を、電力が大きい順にならべてみましょう。そして、電力の大きさも考えてみましょう。

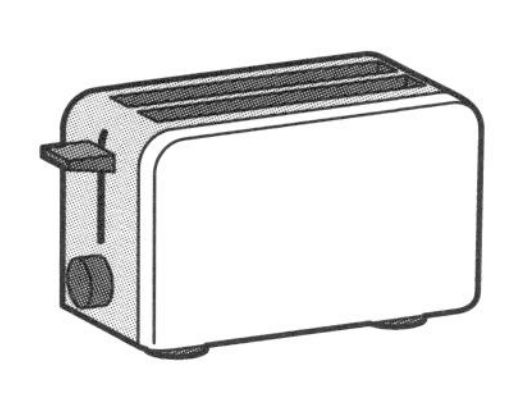

A　トースター

B　そうじ機

C　テレビ

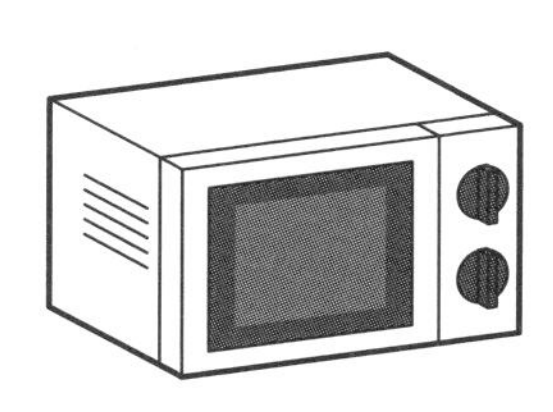

D　電子オーブンレンジ

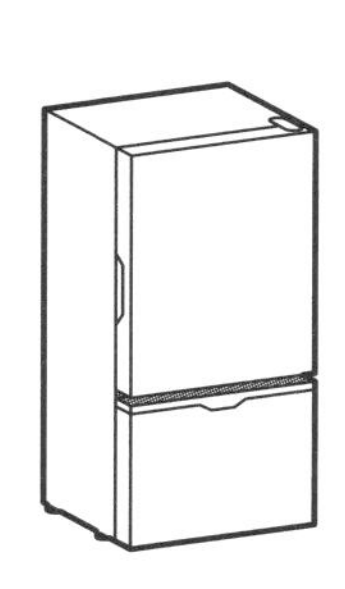

E　冷ぞう庫

21 電気を多く使うのは？　答え

D　電子オーブンレンジ（1400W）

A　トースター（1200W）

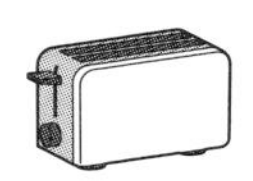

B　そうじ機（1200W）

E　冷ぞう庫（500W）

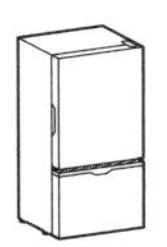

C　テレビ（150W）

機種によって数字はちがいます。

　トースターや電子オーブンレンジは、食べ物を温めるときにたくさん電気を使いますが、ふだんはほとんど電気を使いません。冷ぞう庫は、中の温度が上がったら冷やすために動くので、電気を使用し続けています。

　使う電力が大きな電子オーブンレンジとトースターを同じ部屋で同時に使ったら、どうなるでしょうか。「ブレーカー」が落ちてその部屋の電気すべてが使えなくなってしまう、なんてことが起こるかもしれません。ブレーカーというのは決められた量以上の電力を使用したりすると自動的に回路を切って、電気が流れなくするための装置です。あまりにたくさん電気が流れると、火事になったり、感電したりすることがあるからです。

22 カイロ・メイロ③

発光ダイオード（LED）は、豆電球と同じように電気が流れると光ります。しかし、豆電球とちがって、LEDは＋極と－極が決まっていて、図のようにつなぎ方を反対にしてしまうと電気は流れません。図のA～Dのうち、電気が流れてLEDがつくのはどれでしょうか。

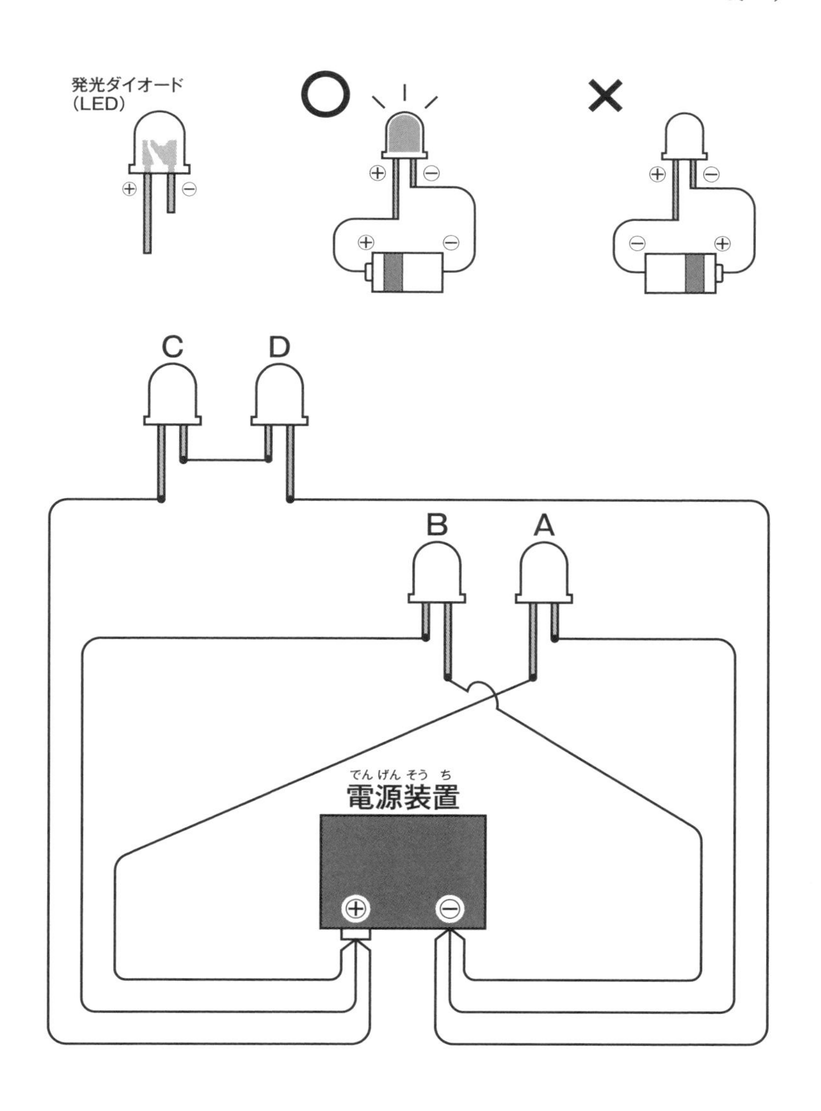

22 カイロ・メイロ③

答え

Aだけ

BはLEDの－極と電源の＋極がつながれています。CとDの回路は、Cだけなら電気は流れましたが、Dが反対に取り付けられているせいで、電気は流れません。

LEDはエネルギーの節約にとても役立っています。豆電球は電気を流すとだんだん温かくなります。これは、電気のエネルギーが、光のエネルギーだけでなく、熱という別のエネルギーに変わって、むだになっているためです。しかし、LEDはほとんど温まることなく、つまり電気エネルギーをむだなく光のエネルギーに変えます。

LEDが家庭内のあかりとしてよく使われるようになってきたのは、2010年くらいです。1962年に発明されたLEDは、最初は赤色しかありませんでした。その後、黄緑色のLEDが発明され、その後、ついに青色のLEDも発明されました。2014年には、日本の赤崎勇教授、天野浩教授、中村修二教授が青色LEDを発明し実用化したことでノーベル物理学賞を受賞しました。赤、緑、青の３色の光がそろったことで、あらゆる色を作ることができるようになり、電球として使われる「白色LED」もできたのです。今や、信号機や大型ディスプレイ、家庭内のあかりとしても、広く使われています。明るく、エネルギーをむだにしないあかりを作り出した、この青色発光ダイオードの発明は、「世紀の発明」のひとつなのです。

23 予防注射の中身は何？

インフルエンザや、はしか、おたふくかぜのように、人から人へうつる病気があります。このような病気にかかるのは、菌やウイルスとよばれるものが、体に入ってしまうせいです。

このような病気をふせぐため、「予防接種」「ワクチン」とよばれる注射を打つことがあります。あの注射には何が入っているのでしょうか。また、どうしてその注射を打つと病気にかかりにくくなるのでしょうか。下のA～C、D～Fからえらびましょう。

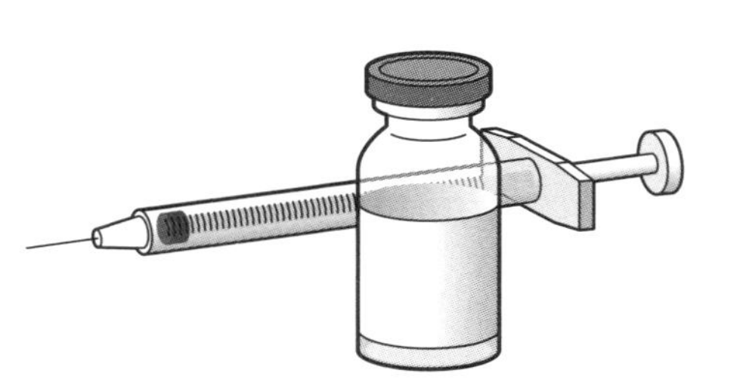

（1）注射に入っているもの

A　元気になる薬

B　菌やウイルスに長い間きく薬

C　菌やウイルスを弱くしたり、死なせたりしたもの

（2）病気がふせげる理由

D　病気にまけないぐらい元気になるから

E　体の中に菌やウイルスが入れなくなるから

F　体の中に菌やウイルスが入っても、
　　体がすぐ戦えるようになるから

23 予防注射の中身は何？ 答え

(1) C

(2) F

人間の体には、菌やウイルスが体に入って病気になると、そのことを覚えていて、次に同じ菌やウイルスが入ってきたときはすぐに戦って、病気にならないようにするしくみがあります。

予防接種とは、死なせたり弱らせたりした菌やウイルス（人間を病気にさせる力はない）を、わざと体に入れて、その菌やウイルスのことを覚えさせるためのものです。

最初に予防接種に成功したのはエドワード・ジェンナーというイギリスの医者で、「天然痘」という病気の予防接種でした。昔は天然痘で多くの人が死んでいました。この予防接種のおかげで1億人以上の命が助かったといわれています。今では、天然痘は地球上からなくなりました。そのほかにも、ポリオや結核、はしか、日本脳炎など、昔なら助からないことも多かった病気の予防接種が、今はあります。予防接種はわたしたちを守ってくれているのです。

著者略歴────

高濱正伸 たかはま・まさのぶ

1959年、熊本県生まれ、東京大学大学院修士課程卒業。93年に、学習教室「花まる学習会」を設立。算数オリンピック委員会理事。著書に『小3までに育てたい算数脳』(健康ジャーナル社)、『考える力がつく算数脳パズル』シリーズの『なぞぺー①②③ 改訂版』『空間なぞぺー』『整数なぞぺー』『迷路なぞぺー』『絵なぞぺー』(以上、草思社)などがある。

川幡智佳 かわはた・ちか

1985年、埼玉県生まれ。北里大学卒業後、東京大学大学院修士課程卒業。2013年花まる学習会入社。同グループ進学部門であるスクールFC所属。小4総合コースの理科や、科目横断型・総合的学習の時間である「合科」の立ち上げに携わる。夏休みや休日などに開催する、親子参加型理科イベントも担当。著書に『カワハタ先生の動物の不思議ー どこがおなじでどこがちがうの?』(実務教育出版)がある。

参考文献・ウェブサイト

川村康文監修,『科学のなぜ?のビジュアル新事典』,受験研究社
国立天文台編,『よくわかる宇宙と地球のすがた』,丸善出版
齊藤隆夫監修,『SUPER 理科事典』,受験研究社
雀部晶監修,『ニューワイド学研の図鑑 発明・発見』,学研プラス
トレイシー・ターナー,『発明図鑑 世界をかえた100のひらめき!』,主婦の友社
天気検定協会監修,『気象と天気図がわかる本』,メイツ出版
日本植物生理学会編,『これでナットク! 植物の謎 part2』,講談社ブルーバックス
はてな委員会編,『身近な科学のはてな』,講談社
はてな委員会編,『動物のはてな』,講談社
はてな委員会編,『昆虫と植物のはてな』,講談社
藤嶋昭監修,『世界の科学者まるわかり図鑑』,学研プラス
松森靖夫編著,『科学 考えもしなかった41の素朴な疑問』,講談社ブルーバックス
『新しい科学1〜3』,東京書籍
『視覚でとらえるフォトサイエンス 化学図録』,数研出版
10月21日は「あかりの日」 https://www.akarinohi.jp/index.html
明石市立天文科学館HP http://www.am12.jp/index.html
セイコーミュージアムHP https://museum.seiko.co.jp/
理科年表オフィシャルサイト https://www.rikanenpyo.jp/

写真資料出典

◎48頁 レーウェンフックの顕微鏡
撮影:Jeroen Rouwkema(CC BY-SA 3.0)
◎48頁 フックの顕微鏡
パブリックドメイン
◎90頁 レントゲンが撮影した手の骨のX線写真
パブリックドメイン
◎95頁 野生のゴボウの実
撮影:Roger Culos(CC BY-SA 3.0)/トリミングして使用
◎101頁 使い捨てカイロの中身
編集部撮影

考える力がつく
理科なぞぺー

2020年5月28日 第1刷発行
2024年1月23日 第2刷発行

著者 高濱正伸・川幡智佳
装幀者 南山桃子
発行者 碇 高明
発行所 株式会社 草思社
〒160-0022 東京都新宿区新宿1-10-1
電話 営業 03(4580)7676 編集 03(4580)7680

印刷・製本 中央精版印刷株式会社

ISBN978-4-7942-2447-7 Printed in Japan 検印省略

子どもが自分からやりたがる！　花まる学習会の良問が満載。

考える力がつく なぞぺ～ シリーズ

考える力がつく 社会科なぞぺ～

＜小学3年～6年＞

高濱正伸／狩野崇

大人気教材のなぞぺ～シリーズに、満を持して社会科が登場！　平安時代にかき氷はあった？　城の塀は折れ曲がっている方がいい？　マンホールが丸いのはなぜ？　暗記じゃない、自分で考える力がつく問題を多数収録。歴史、地理、公民、生活科の4ジャンルを網羅。

本体価格 ¥1,200

考える力がつく算数脳パズル 論理なぞぺ～

＜小学1年～6年＞

高濱正伸／川島慶／秋葉翔太

子どもが夢中になる楽しい論理パズルで、論理的に考えることが好きになる、得意になる問題集。論理的思考で大切な「文章の意味を要約する力」や「場合分け」「背理法」「対偶」を正しく使う力などが、パズルで遊びながら身につきます。

本体価格 ¥1,100

考える力がつく算数脳パズル 鉄腕なぞぺ～

＜小学4年～6年＞

高濱正伸

選りすぐりの良問が満載！　わくわくする「難問」を体験させることで、問題に対する発想力を育みます。問題をミシン目切り離し式とし、ファイルして復習ノートが作れるようにしました。高学年らしい学習法の習得・習慣づけができる画期的問題集。

本体価格 ¥1,300

考える力がつく算数脳パズル 整数なぞぺ～

＜小学4～6年編＞

高濱正伸／川島慶

中学入試に出るのに学校では教えてくれない！　思考力問題の代表格「整数問題」のセンスを磨く問題集。約数・倍数・因数分解・素数・あまりの数などの基礎から応用までを、楽しいパズルにしました。遊びながら数の感覚が身につくカードゲーム「約数大富豪」付き。

本体価格 ¥1,200

考える力がつく算数脳パズル 空間なぞぺ～

＜小学1年～6年＞

高濱正伸／平須賀信洋

切る、折る、回す、ひっくり返す…。アタマの中でイメージすることが楽しくなる問題集。洗濯や料理や地図など、日常の一コマを題材にした問題を多数収録。身近なもので実際に試して納得する体験により、あと伸びの決め手＝「空間認識」への興味と能力を育みます。

本体価格 ¥1,100

考える力がつく算数脳パズル 絵なぞぺ～

＜小学2年～6年＞

高濱正伸／川島慶

問題文がない！　絵を見て、その様子を正しく表したグラフや表を選ぶ問題集。図で考える力や、グラフや表を読み解く力など、現代社会で特に重要な「言語を介さない抽象的思考」を体験させ、能力を育みます。全74題掲載。

本体価格 ¥1,100

※定価は本体価格に消費税を加えた金額です。